U0344980

Changjiang
Children's
Encyclopedia
长江少儿科普馆

Changjiang Children's Encyclopedia
长江少儿科普馆

中国孩子与科学亲密接触的殿堂

传世少儿科普名著 插图珍藏版 CHATUZHENCANGBAN

奇异的恐龙世界

刘后一◎著

长江出版传媒 | 长江少年儿童出版社

主编絮语

（代序）

书籍是人类进步的阶梯。有的书，随便翻翻，浅尝辄止，足矣！有的书，经久耐读，愈品愈香，妙哉！

好书便是好伴侣，好书回味更悠长。

或许，它曾拓展了你的视野，启迪了你的思维，让你顿生豁然开朗之感；或许，它在你忧伤的时候给你安慰，在你欢乐的时候使你的生活充满光辉；甚而，它照亮了你的前程，影响了你的人生，给你留下了永久难忘的美好回忆……

长江少年儿童出版社推出的《传世少儿科普名著（插图珍藏版）》丛书，收录的便是这样一些作品。它们都是曾经畅销、历经数十年岁月淘洗、如今仍有阅读和再版价值的科普佳作。

从那个年代"科学的春天"一路走来，我有幸享受了一次次科学阅读的盛宴，见证了那些优秀读物播撒科学种子后的萌发历程，颇有感怀。

被列入本丛书第一批书目的是刘后一先生的作品。

我是在1978年10岁时第一次读《算得快》，记住了作者"刘后一"这个名字。此书通过几个小朋友的游戏、玩耍、提问、解答，将枯燥、深奥的数学问题，演绎成饶有兴趣的“儿戏”，寓教于乐。在我当年的想象中，作者一定是一位知识渊博、戴着眼镜的老爷爷，兴许就是中国科学院数学研究所的老教授哩。但没过多久我就被弄糊涂了，因为我陆续看到的几本课外读物——《北京人的故事》《山顶洞人的故事》和《半坡人的故事》，作者都是刘后一，可这几本书跟数学一点儿也不搭界呀？

直觉告诉我，这些书都是同一个刘后一写的，因为它们具有一些共同的特点：都是用故事体裁普及科学知识；故事铺陈中的人物都有比较鲜明的性格特征；再就是语言活泼、通俗、流畅，读起来非常轻松、愉悦。

一晃十多年过去了。大学毕业后，我来到北京，在《科技日报》工作，意外地发现，我竟然跟刘后一先生的女儿刘碧玛是同事。碧玛极易相处，渐渐地，我们就成了彼此熟识、信赖的朋友。她跟我讲述了好些她父亲的故事。

女儿眼中的刘后一，是一个胸怀大志、勤奋好学而又十分“正统”的人。他父母早逝，家境贫寒，有时连课本和练习本也买不起。寒暑假一到，他就去做小工，过着半工半读的生活。他之所以掌握了渊博的知识，并在后来写出大量优秀的科普作品，靠的主要是刻苦自学。他长期业余从事科普创作，耗费了巨大的精力，然而所得到的稿酬并不多，甚至与付出“不成比例”。尽管如此，他仍经常拿出稿酬买书赠给渴求知识的青少年。在他心目中，身外之物远远不及他所钟情的科普创作重要。

在一篇题为《园外园丁的道路》的文章中，后一先生戏称自己当年挑灯夜战的办公室，是他“耕耘笔墨的桃花源”，字里行间透着欢快的笔调：“《算得快》出版了，书店里，很多小学生特意来买这本书。公园里，有的孩子聚精会神地看这本书。我开始感到一种从未有过的幸福与快乐，因为我虽然离开了教师岗位，但还是可以为孩子们服务。不是园丁，也是园丁，算得上是一个园外园丁么？我这样反问自己。”

当年（1962年），正是了解到一些孩子对算术学习感到吃力，后一先生才决定写一本学习速算的书。而这，跟他的古生物学专业压根儿不沾边。那时，他正用数学统计的方法研究从周口店发掘出来的马化石。他敢接下这个他专业研究领域之外的活计，在很大程度上是出于兴趣。他很小就学会了打算盘，并研究过珠算。

后一先生迈向科普创作道路最关键的一步，是学会将故事书与知识读物结合起来，写成科学故事书。他的思考和创作走过了这样的历程：既是故事，就得有情节。情节是一件事一件事串起来的，就像动画片是一张一张画联结起来的一样，连续快放，就活动了。既是故事，就得有人物。由此，“很多小学生的形象在我脑际融会了，活跃起来了。他们各有各的爱好，各有各的性情，但都好学、向上、有礼貌、守纪律，一个个怪可爱的”。

在后一先生逝世20周年之际，他的优秀科普作品被重新推出，是对他的一种缅怀和敬意，相信也一定会受到新一代小读者的喜爱和欢迎。作为丛书主编和他当年的小读者，对此我深感荣幸。

尹传红

2017年4月12日

目录

写在前面

亲爱的少年朋友们：

你唱过《龙的传人》这首歌吗？

古老的东方有一条龙，
它的名字就叫中国。
古老的东方有一群人，
他们全都是龙的传人。

我们中国号称龙的故乡，到处都有以龙命名的名胜古迹。从图画、雕塑看到的龙的形象，是人们在长期的历史中想象出来的一种动物。它主要是根据蛇、蜥蜴等爬行动物，再加上某些哺乳动物的特征塑造成的。它有历史、艺术价值，但是从生物学观点看，是不科学的。

古生物学家从地里挖出了许多古代爬行动物化石，把其中大多数也叫作"龙"。大家还听过"恐龙"这个名字，那又是龙里面的一大类。它们生活在一两亿年前，繁荣昌盛，千奇百怪。因为那时候不仅没有人，连进步的鸟类、哺乳类也没有，所以它们是当时最高等的动物。用很多人的话来说，那时候就叫龙或恐龙时代。到了 6500 万年前，这些龙或恐龙，忽然一下子灭绝了。

这本书里，主要讲的是恐龙的故事，但是也附带讲了恐龙的亲属——其他一些龙的故事。它们是怎样被发现的？它们有哪些种类？它们生活在什么时代？它们各有些什么特征？开始你可能会碰到一些专有名词(我们作了一些解释，本书有注解)，看不大懂，但只要你勇敢地征服了它们，你就会越读越有趣，仿佛你的面前展开了一个奇异的世界。

读着读着，你也许会提出这样的问题：这都是一两亿年前的事了，知道它有什么用呢？

一方面，这既然是存在过的真实的事情，我们就应该开阔眼界，对它有所了解。这对我们建立自然辩证法思想、正确的世界观是有好处的。

另一方面，认识世界是为了改造世界。我们了解了动物历史的这一环，有助于了解整个生物界的进化历史。这对我们保护生物资源、创造生物新品种都有好处。在了解动物历史的同时，我们也了解了地层情况，这对我们找矿、建筑等事业，是有帮助的。

所以古生物学是很有用的，希望大家能对它感兴趣，努力钻研它。说不定在你们里面，将来会出现许多古生物学家哩！

四川很多地方都发现了恐龙化石。例如，自贡市大山铺有一处地方，我到那里去考察过，恐龙化石层层叠叠，科学工作者和工人们在那里建立了一个巨大的恐龙展览馆。你如果有机会到那里去看看，一定会增长不少关于恐龙的知识，对恐龙世界产生巨大兴趣。

龙与恐龙

我们的祖国，被称为龙的故乡；我们炎黄子孙，被称为龙的传人。龙，是中华民族的象征。龙和恐龙有没有关系呢?

龙和恐龙除词义相近外，实在是风马牛不相及的。

龙是我国古代传说中的一种神灵般的动物，它能腾云驾雾，呼风唤雨，上天入海，所以，历代皇帝便把龙作为皇权的象征，自称"真龙天子"，穿龙袍，乘龙舆，居龙庭，睡龙床，好不威风。

今天，历代"真龙天子"已成一抔黄土，但是龙的精神依然流传下来。龙已不是统治者的徽号，而成了中华民族的象征。每逢庆典，人们要舞龙灯；端

传说中的龙

阳节，人们要赛龙舟。

龙这种怪物，一身打扮也实在奇怪，鹿角银须，蛇身鸡爪，虎眼牛鼻，实在不知像哪种动物。但据考证，龙的前身是蛇，在我国最古老的文字——甲骨文中，龙字就像一条蛇。后来，人们对于蛇的神化渲染，给它加上了各种其他动物的特征，最后它变成了今天的样子。

恐龙又是什么动物呢？

恐龙是早已灭绝的一种古代脊椎动物，它和今天的鳄鱼有比较近的亲缘关系，样子又像放大了几千倍到几百万倍的四脚蛇（蜥蜴）。所以，古生物学家在发现它们的骸骨后，把它叫作“恐怖的蜥蜴”，日本学者将它译成“恐龙”，我国古生物学家也就沿用了这个名称。因为，在我国民间，蜥蜴也叫作石龙子。我国古代就曾发现过恐龙化石。西晋（265—317 年）常璩《华阳国志》中，就有四川五城出龙骨的记载。五城是今天的三台县，那里出露中生代①晚期的红层，所说龙骨很可能是恐龙化石。但是作为科学的发现，则应当从 1902 年算起。那年俄国陆军上校马纳金在黑龙江南岸发现了几块巨大的化石，他原本以为那是猛犸象的骨化石，后来经过古生物学家研究，到 1930 年，俄国古生物学家里亚宾宁才将一具鸭嘴龙骨架定名为黑龙江满洲龙。

有的小朋友以为，我们的祖先曾经见到过活的恐龙，还和恐龙打过仗，其实这是不对的。恐龙生活在大约 2.5 亿年前到 6500 万年前的中生代，而最早的猿人出现在 300 万年前的新生代②第四纪，时间差了几千万年。“秦琼”是碰不到“关公”的。

恐龙是样子奇异、大多身材高大而又十分有趣的动物。它们属于爬行动物，一度在地球上称王称霸。在中生代，陆地上几乎是恐龙的天下。

---

①中生代：地质时代名称。开始于 2.5 亿年前，结束于 6500 万年前。分为三叠纪、侏罗纪、白垩纪三个纪。在这一时代，爬行动物有大的发展，裸子植物繁盛，鸟类、哺乳类动物和被子植物也已经出现。

②新生代：地质时代名称。从 6500 万年前至今。分为老第三纪、新第三纪和第四纪。鸟类、哺乳类动物和被子植物在这个时代有大发展。

恐龙有大大小小、各种各样、奇奇怪怪的种类，最让大家感到吃惊的是那些巨大的蜥脚类恐龙。北京自然博物馆、上海自然博物馆陈列的马门溪龙骨架，长 22 米，活着时重几十吨。

恐龙为什么会长得那么大？它们为什么长得怪模怪样？它们吃什么东西？它们是怎样灭绝的？

这本《奇异的恐龙世界》将会告诉你许多有关恐龙的有趣故事。

可怕的宝物

1795 年，一支法国军队包围了荷兰一座小镇附近的建筑物，一位将军望

法国军官在抱一块巨大的下颌骨

着这座房子，心里七上八下。其实，法国人一通炮火就可以炸平它。但是，他要保住这座房子。原来，这座房子里藏着一件无价之宝，法国将军准备把它献给法兰西共和国。

这件宝物不是别的，原来是一块巨大的下颌骨化石，上面长满了短剑般的牙齿，可怕极了。没有人知道这是什么动物的骨头，但整个欧洲都知道它。这块长一米半的大骨头，变成了你争我夺的无价之宝。

后来，这块骨头作为战利品，被运到了巴黎，年轻的古生物学家居维叶开始研究这块化石。他把这块化石与大象对比，觉得差别很大，但和一种生活在热带的巨蜥相似。居维叶认为，越古老的动物，与今天的动物越不一样，因此，这块化石很可能属于遥远年代的一种爬行动物的颌骨。这时候，一位名叫科尼贝尔的牧师，给这种动物起了个名字——沧龙。而另一位牧师推测，这种灭绝的巨型蜥蜴身长 6 米，但居维叶估计，这种动物身长超过 12 米。

居维叶是一名虔诚的基督徒，相信上帝创世和《圣经》上“摩西洪水”的说法，因此，他虽然看出了动物的古老性，但无法解释它们的来龙去脉。

奇怪的牙齿

因为人们从来没有见过活的恐龙，开始时，谁也不知道地球上生活过这种古怪的动物。要认识它们，得费上九牛二虎之力。

1822年，英国一位医生兼化石采集家曼特尔（1790—1852年），在新开辟

奇怪的牙齿

出来的公路岩壁上，发现了一些不寻常的牙齿和骨骼。这些牙齿巨大，齿冠被磨成平滑的斜面。他想这一定是一种吃植物的动物，但不知道这是一种什么动物。

曼特尔把一颗牙齿送给居维叶，居维叶看了之后，认为这是犀牛或河马一类的动物的牙齿，但曼特尔不大同意这个结论。

曼特尔后来又请教了另一位学者——牛津大学的巴克兰，巴克兰也无法肯定，只是附和了居维叶的看法。

曼特尔决定自己研究。他在伦敦亨特博物馆，看到了一位博物学家从南美采到的鬣蜥，发现鬣蜥的小牙齿很像他发现的化石牙齿。于是，他得出结论，他发现的化石，很可能来自一种古代爬行动物。他给化石起了一个名字，叫“鬣蜥的牙齿”，我国古生物学家把这种动物译作“禽龙”。

曼特尔根据牙齿的大小，来推算这种古动物的个体，发现这是一种大得吓人的动物，活着时身体长度有 18 米。

曼特尔还在同一个地点，发现了许多其他种类的恐龙化石。这样，他恐龙研究的序幕从此拉开。

经过人们几十年的探索，恐龙，这种早已灭绝的动物，才渐渐为人所知。1841 年，一位年轻的英国古生物学家欧文，在他的论文中建议，把这种巨大的爬行动物称为“恐龙”。这是一个很恰当的名字，人们一看到它，就会想到这种动物巨大而凶猛的样子。

恐龙时代

我们要知道古人的生卒年代,可以去查史书,或去看他的墓志铭。但是,恐龙死后,没有人给它们写传记,它们的生卒年代是用地质学方法知道的。

今天我们知道,地球的年龄已经有46亿岁了。但是地球上的生命出现,也就是说,从第一个细胞出现到今天人类时代,大约只有30多亿年。在30亿年中,地球上的生命从单细胞发展到多细胞,并且有了动物、植物和微生物的分化。

动物中的一支,叫脊椎动物,在4亿多年前,占领了地球上的海洋、湖泊和河流,它们就是鱼类。那时的鱼,和今天的鱼不一样,非常原始,但它们在当时是地球上最高等的动物。这时是地球上的“鱼类时代”。

大约到3亿多年前,有一种鱼类从水里爬上陆地,变成了两栖动物。这在生物进化上是了不起的大事。与此同时,湖岸、海边的近水地带,也有刚从水里移到岸上生长的植物——裸蕨,这种植物使荒凉的土地披上了绿装。

在进化水平上,两栖动物比鱼类要高一等。它们克服了呼吸和运动上的两大障碍,锻炼出陆地运动所需的强有力肢体。但是,它们幼年期和繁殖后代的时候,仍要待在水里,就像现在的青蛙。所以它们不是真正的陆生动物。

在2亿～3亿年前这段时间,两栖类是地球上最高等的动物,这是地球上的“两栖类时代”。古代的两栖类,模样很古怪,又大又笨,后来统统灭绝了。

今天的两栖动物,是这类动物中残留的一小部分。

到了 2.3 亿年前,进步的两栖类中,发展出一种高等的类群,它们开始在陆地上产卵,这就是爬行动物。后来,一些爬行动物长得很大,分布得很广,它们就是我们说的恐龙。它们统治地球的这段时间,叫作“恐龙时代”,在地质年代上,叫中生代。

恐龙灭绝以后,地球上进入“哺乳动物时代”,但仍有一小部分爬行动物生存了下来,如龟、蛇、鳄鱼和蜥蜴等。我们人类是哺乳动物中的佼佼者,所以,人类登上历史舞台的时代,可以称为地球的“人类时代”,地质学上叫第四纪①。

我们今天学习历史,有上古史、中古史、近代史和现代史之分。从地球的历史来看,恐龙应在地球的中古史部分。

---

①第四纪:新生代的第三个纪,也是地质历史上最后一个纪。本纪初期出现与现代人类有亲缘关系的人类祖先,所以又叫“灵生纪”。

爬行动物和恐龙

恐龙是灭绝的爬行类。它们的一些特征，与今天的鳄鱼、蛇等动物相似。它们和哺乳动物有明显的区别。

爬行动物是一种变温动物，又叫冷血动物。不像鸟类、哺乳类动物是恒温的，因此，它们的活动范围也受到了限制。但是，由于现在发现的许多恐龙很凶猛，跑得很快，应当有较高的新陈代谢率。所以，一些科学家认为，并不是所有的恐龙都是冷血动物，其中有一些是变温的“冷血动物”，有些甚至可能是“热血动物”！

爬行动物是卵生动物，也就是用蛋来孵化后代。卵里有供胚胎发育的水分、养料，外面有壳保护，成活率要比鱼类或两栖类在水中产的卵的成活率高。所以用这种卵生殖，可以使动物离开水源，在干旱的地区繁殖后代。虽然它比不上哺乳动物的胎生，但在生物进化上是一大进步。

但是，有些爬行动物和恐龙是卵胎生的，这就是说，它们不把卵产到体外，而是留在母体内孵化，生出来的就是活泼的小动物。这样，小动物的生命更有保障。

爬行动物和恐龙不像哺乳动物那样，身体到一定年龄就停止生长。它们是一辈子都在长个子，所以，有些恐龙可以长得很大很大。

爬行动物和恐龙还有许多与哺乳动物不同的地方，比如，它们体外披有鳞甲，皮下没有脂肪层，所以无法保暖。它们的牙齿是一个模样，叫同型齿[①]，不像哺乳动物的异型齿[②]，功能不同的牙齿，形状也不相同。它们的牙齿一辈子都在长，用完了，新的就长出来，不像我们人类，一辈子就换一次牙。

爬行动物和恐龙，与哺乳动物相比，虽然原始而又落后，但是它们在历史上扮演过非常重要的角色。

①同型齿：牙齿的形状、功能基本相同。如一般爬行动物的牙齿都呈尖刀状，起咬住食物的作用。

②异型齿：牙齿的形状、功能有分化。如一般哺乳动物的牙齿，分为门齿、犬齿、前臼齿、臼齿等，分别起切割、磨压等作用。标准的有44个，但是很多现代哺乳动物都没有这么多。

恐龙的家谱

爬行动物有许多种类，恐龙仅仅是其中的一个大类。

古生物学家是根据爬行类头上的颞孔[①]来分类的。颞孔是头骨上的空洞，是附生肌肉的地方，同时可以减轻头骨重量。不同的爬行类，长有不同数量的颞孔。

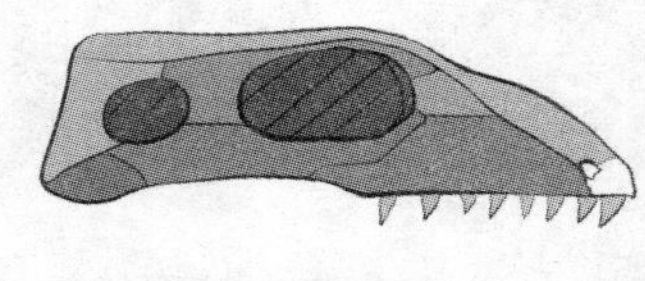

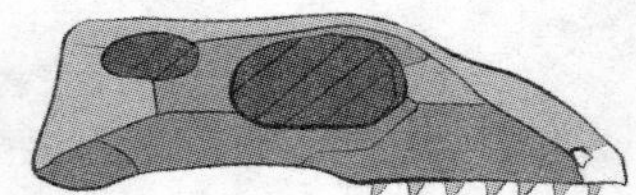

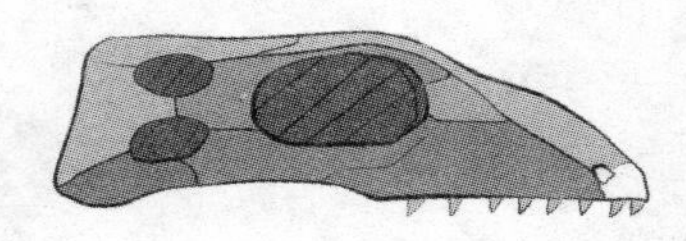

爬行动物颞孔分类，自上而下：无孔类、下孔类、调孔类、双孔类

第一种爬行类，头骨上没有颞孔，叫无孔类，在进化中属于比较低级的种类。现在的龟鳖类，就属这种类型。

第二种爬行类，头骨两侧下部各有一个颞孔，叫下孔类。这是一类早期的爬行动物，很早就灭绝了。可是，后起之秀的哺乳动物，就是从这类爬行类中分化出来的。

第三种爬行类，头骨两侧上部有一个颞孔，叫调孔类。这类爬行动物后来都回到水中生活，它们当中有生活在浅海里的楯齿龙，和某些人认为至今仍然活着的蛇颈龙。

①颞孔：颞颥，头部两侧靠近耳朵上方的部位，颞孔即位于这部位的孔。

第四种爬行类，头骨两侧各长有两个颞孔，叫双孔类。我们谈到的恐龙，就是双孔类的成员，它们连接股骨头的髋臼底部是开放的。此外，双孔类爬行动物还包括今天的一些爬行类，如蜥蜴、蛇和鳄鱼，它们的髋臼底部是封闭的。

严格地说，恐龙仅限于双孔类中的两种类型：鸟龙类和蜥龙类。像蛇颈龙、翼龙、鱼龙，虽然也叫作龙，但是实际上不能包括在恐龙之内，不过因为它们是恐龙的亲戚，所以，在这本书里，我们也将作一些介绍。

恐龙家族中的两大类成员，差别是相当大的，比今天牛和马的差别还大。主要区别在它们的腰带上，也就是骨盆上。一类恐龙的骨盆形状很像鸟类的肠骨、耻骨和坐骨，呈四射型，所以被称为鸟龙类。另一类的骨盆形状很像蜥蜴的肠骨、耻骨和坐骨，呈三射型，所以叫蜥龙类。

爬行动物（包括四个亚纲十七个目）系统分类表

分类名称		特征	包括哪些爬行动物
爬行动物（纲）	无孔类（亚纲）	头骨眼后没有颞孔	在进化中属于比较低级的种类，如现在的龟鳖
	下孔类（亚纲）	头骨两侧眶后骨及鳞骨下部各有一个颞孔	这是一类早期爬行动物，很早就灭绝了，如兽孔目的爬行动物，后来分化发展出哺乳动物
	调孔类（亚纲）	头骨两侧眶后骨及鳞骨上部有一个颞孔	这类爬行动物后来都回到了水中生活，如鱼龙目、蜥鳍目的爬行动物。蜥鳍目中包括幻龙类、蛇颈龙类、楯齿龙类
	双孔类（亚纲）	头骨两侧眶后骨及鳞骨上下各长有两个颞孔	鳞龙次亚纲：①始鳄目；②喙头目；③有鳞目 初龙次亚纲：①槽齿目；②鳄目；③翼龙目；④恐龙类；⑤蜥臀目；⑥鸟臀目

注：生物分类系统将所有生物分成界、门、纲、目、科、属、种等等级。如哺乳纲下面分食虫目、食肉目、奇蹄目、偶蹄目等。

在中生代，恐龙家族中的这两大支系中，进化出千千万万光怪陆离的恐龙成员。

貌不惊人的祖先

最原始的和最早的爬行类,并没有恐龙那种威势。它们是一批貌不惊人的小动物,由于这些原始爬行类的脊椎骨像一只只杯子,所以得了个杯龙类的名字,它们还不是我们讲的恐龙。

一种较原始的杯龙类,叫林蜥,个头很小,长 0.2 ～ 0.7 米。体形细长,四肢强壮,呈爬卧状。头骨又高又长,眼睛长在两侧。上下颌边上有锋利的牙齿。

另一种杯龙类,叫湖龙,其化石发现于美国新墨西哥州,生活在 2.5 亿～

杯　　龙

2.9 亿年前的二叠纪。它的个头比林蜥大,有 1.5 米长,模样与林蜥差不多。

后来各种爬行动物,包括恐龙,可能都是杯龙类的后代。恐龙的直系祖先是谁?它是什么样子?

恐龙出现在两亿多年前的三叠纪①晚期，因此，它们的祖先，应当出现在二叠纪，或更早些。

有人从南非二叠纪的地层中，发现过一种“杨氏鳄”的小动物，样子像今天的蜥蜴，四肢细弱，食肉。它有一个结构轻巧的头骨，长着两个颞孔。因此，科学家推测它是双孔类爬行动物的祖先。

杨氏鳄是双孔类的祖先，当然也是恐龙的祖先，不过我们想知道的是，究竟哪一种双孔类最后变成了恐龙。

科学家们后来在三叠纪早期地层里，发现一种动物，它叫“引鳄”，长 5 米左右，头骨很像杨氏鳄，只不过背上长了两行甲板。它的牙齿长在齿槽里，骨盆的三块骨头呈三射型，它们属于“槽齿类”。

早期恐龙，非常接近于这种叫槽齿类的引鳄，只不过在身体结构上更完善了。所以，人们推测恐龙的直系祖先是槽齿类爬行动物。

①三叠纪：地质年代中生代的第一个纪。开始于 2.5 亿年前，结束于 2.05 亿年前。分早、中、晚三个世。因为最早研究的这个地层分成三部分，所以取名为三叠纪。这个纪开始有了恐龙。

花开两朵，各表一枝

恐龙分为两大类，我们也分两大类进行介绍。

蜥龙类是其中最引人注目的一类。这类恐龙中的成员，个体差别很大，习性也各不相同。小的只有一只小鸡大小，大的可达十几米高，二十多米长，重几十吨；在食性上，有的吃肉，有的吃素。

蜥龙类从体型的差别上又可分为两类。一类头大，颈短，前肢短，后肢长，两足行走，叫兽脚类。一类头小，颈长，四足行走，叫蜥脚类。前者以食肉为主，后者以食素为主。有的分类法还将古老的蜥脚类分出来，叫古脚类，它们也是吃素的。

鸟龙类除了一些早期类型，都是四足行走，而且全部是吃素的。因为鸟龙类缺乏进攻能力，所以进化出各种防御手段，出现了千奇百怪的爪子、犄角、甲胄等防身武器。

鸟龙类进而分成五大类群：一是长有鸟脚的鸟脚类，一是身披剑板的剑龙类，一是身裹重甲的甲龙类，一是头长利角的角龙类，一是头骨肿厚的肿头龙类，它们中不少是恐龙世界中最古怪的成员。

早期蜥龙类——腔骨龙

腔骨龙是早期的蜥龙类，发现于美国新墨西哥州北部，大约生活在2亿年前的三叠纪晚期。

腔骨龙身体轻巧，骨头中是空心的，虽然身长2.5米，但体重只有大约20多千克。它长有一个长而窄的脑袋，头骨薄，脑窝和颞孔很大。牙齿尖利，上面长有锯齿，说明这是一种凶猛的食肉动物。

腔骨龙颈部细长，前肢短，有看来好像灵活而适于抓握和攀缘的“双手”。后肢强壮，形状像鸟腿，很适于行走和奔跑。它的身体重心以臀部为支点，后面长着一条细长的尾巴，用来保持平衡，奔跑的时候可能要把尾巴夹住或拖在身后。

腔骨龙习惯于在干燥的陆地上生活。眼眶大，说明视力很好，易于发现猎物和天敌。身体轻巧，脚长善跑，说明它动作灵活，反应敏捷，这在捕捉食物和逃避敌害上十分重要。牙齿尖利，表明它专门吃荤，以中小型爬行动物为食物。

在我国云南禄丰，人们也发现过三叠纪晚期的腔骨龙。因为它发现于1938年，人们为纪念前一年的卢沟桥事变，取名卢沟龙。卢沟龙站立时身高有1.5米，长有一个又尖又长的嘴巴，牙齿像钉子一样，眼睛大而圆，脖子细长，弯曲自如。它用后腿走路，前肢短小。卢沟龙的骨骼也是中空的，

腔 骨 龙

活动起来很灵活。

在北美洲，科学家曾发现埋葬有十几只腔骨龙的化石点——被称为“龙墓”。有的幼龙骨骼发现在成年个体的体腔里，有人说腔骨龙吃了自己的幼子，有人说腔骨龙是卵胎生，到底哪种说法对，现在还无法肯定。

但是，可以肯定的是，腔骨龙是群居的动物，十几只或几十只一群，捕杀猎物，生活习性很像今天的狼群，它们可以靠群体的力量，迅速包围比它们大的猎物，将其咬死后分而食之。

腔骨龙的生活习性，很像后来的兽脚蜥龙类。

蜥脚类的祖先——禄丰龙

蜥脚类恐龙，是恐龙世界中的巨人，它们主要食素，虽然它们的早期成员个头并不很大，但是后来越长越大。

在云南禄丰，三叠纪到早侏罗纪①时生活着一群群原始蜥脚类恐龙，它们叫作“禄丰龙”。它们的化石是我国古生物学家杨钟健等人在1938年发掘的。后来化石被组装成骨

禄 丰 龙

①侏罗纪：中生代的第二个纪。开始于2.05亿年前，结束于1.35亿年前。这个名称来自阿尔卑斯山区的侏罗山脉。这个纪恐龙渐渐繁盛。

架，于 1941 年在重庆北碚展出过。

禄丰龙个头中等大小，身长 6 ～ 7 米，站立时高 2 米，和今天的马差不多大。头很小，呈三角形，上下颌骨脆弱，牙齿像小叶片，说明它们是吃植物的。脖子长，但不灵活，因为它们颈椎骨构造简单。它们的前肢短，后肢粗壮，前肢只有后肢的三分之一长，脚上有趾，趾端有粗大的爪。后肢的大腿骨要比小腿骨长，活动时主要用后肢行走。它们的身后拖了条大尾巴，站立时，尾巴可以支撑身体，好像坐在一只凳子上。

禄丰龙主要生活在湖泊、沼泽边，寻找生长在水边的嫩叶吃，时而直起身，引颈张望，看看附近有没有敌人。在进食时，它们可能四脚着地，弓着背行走。

像禄丰龙这样的原始蜥脚类，在进化中身体越来越大，体重也越来越重，后来进化为四足行走的动物。

大发展，大繁荣

中生代早期的三叠纪，恐龙家族还处于孕育阶段，尽管有了腔骨龙、禄丰龙等早期种类，但它们的种类、数量不是很多，身体构造也简单，个头也不大，在自然界还不十分显眼，所以三叠纪是恐龙发展的过渡时期。

三叠纪时，地球上陆地大片出露，从南到北广泛相连，全球性气候也很温暖，两栖类和爬行类动物在全世界分布得很广。

到中生代中期的侏罗纪，全球发生了海侵（海水侵入陆地），出现了大片湖泊、沼泽，以及三角洲。由于气候温暖、湿润，真蕨类植物以及苏铁类、银杏类和松柏类植物在地球上形成大片森林，今天的许多煤田就是来自那时候的森林。恐龙也得天时、地利的优越条件，大大发展起来。

一般人都认为，恐龙应当生活在温带和热带。可是近年来人们在南北极圈内也发现了恐龙化石。南极恐龙化石是澳大利亚里奇教授发现的，它是像小袋鼠那样的食草恐龙，生活在 1.05 亿年前。北极恐龙化石是美国科学家在北阿拉斯加地区发现的，共有 5 种 180 多个。它们生活在 7000 万年前，包括其他爬行动物。这说明当时当地恐龙繁多，可能出现过亚热带气候条件，至少，沿海沼泽气温很少下降到冰点以下。

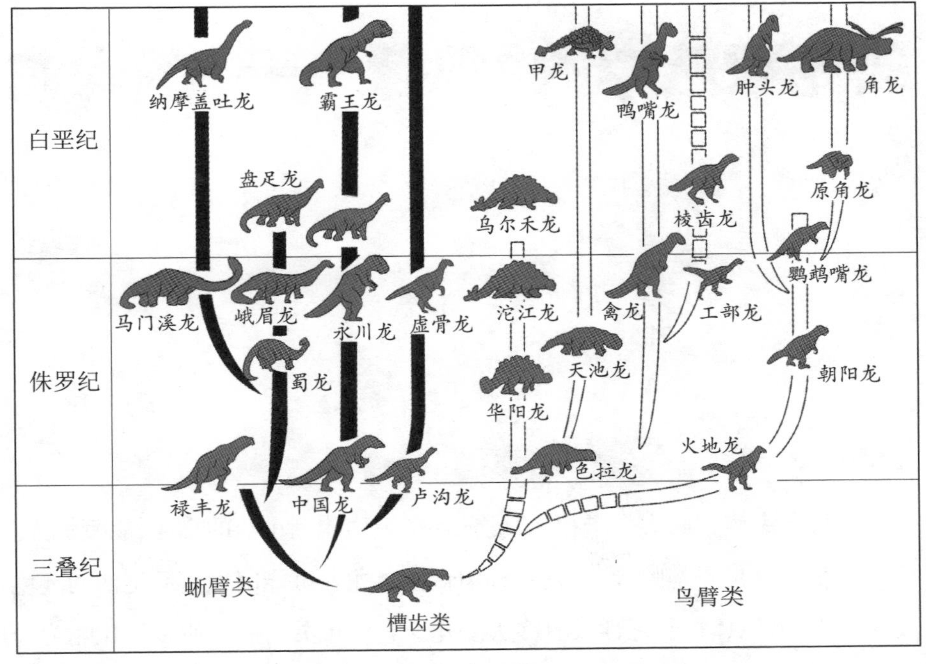
白垩纪
侏罗纪
三叠纪
纳摩盖吐龙
霸王龙
盘足龙
马门溪龙
峨眉龙
永川龙
虚骨龙
蜀龙
禄丰龙
中国龙
卢沟龙
蜥臂类
槽齿类
甲龙
鸭嘴龙
肿头龙
角龙
乌尔禾龙
棱齿龙
原角龙
鹦鹉嘴龙
沱江龙
禽龙
工部龙
天池龙
朝阳龙
华阳龙
火地龙
色拉龙
鸟臂类

恐龙进化图

恐龙家族中的“狐狸”——虚骨龙

与恐龙家族中的大个子相比，虚骨龙是一种体型小巧的恐龙，貌不惊人。

虚骨龙的祖先是腔骨龙，是一种肉食性恐龙。可能因为它们生活的环境变化不大，所以体型和习性没有多大变化。它们机灵、轻巧，所以被比喻为今

虚 骨 龙

天动物世界中的“狐狸”。

虚骨龙在进化中，兵分几路，各显神通。

其中一路身体仍然是小型的，其中嗜鸟龙和美颌龙是生活在侏罗纪时期的代表。

嗜鸟龙，又叫“鸟强盗”，通过名字可以推测它专门爱捕捉始祖鸟以及其他小动物。它身长约 2 米，体态纤细，骨骼是中空的，而且很脆弱。它的头骨小而弱，后肢细长，很像鸟脚，只有 3 个脚趾，趾端有弯曲的利爪，前肢短，3 个趾也长有弯曲的利爪，显然主要用来捕捉小动物。它身体的重心主要落在臀部，身后拖着一根细长的尾巴。

美颌龙是恐龙中个体最小的，像一只小鸡。它主要以捕食小动物和昆虫为生。人们在一具美颌龙骨架的体腔内，发现了小美颌龙的骨架，因此，有人推测它也有吞吃自己孩子的习性，但也有人对这种推测表示怀疑。

另一支虚骨龙——似鸵龙

似鸵龙是虚骨龙中的另一支后代，主要生活在白垩纪[①]。它们的个体体型中等,身长约3.5米,因为外形与鸵鸟很相像,所以得了这个名字。

似鸵龙的习性也很像鸵鸟。它有纤细、空心的骨骼，长长的脖子和小小的脑袋。它的嘴有角质的喙,没有牙齿。它们的背很短,后腿细长,用3个脚趾着地奔跑。与鸵鸟不同的是,它长了个尾巴。由于它后腿的小腿骨比大腿骨长,可以想象它跑起来的速度很快。今天的鸵鸟每小时可以跑80千米,科学家估计，似鸵龙奔跑也有这个速度，但它必须也具备相同的生理机能。如果似鸵龙是完全的冷血动物,速度就会慢得多,每小时大约只能跑3千米。

似鸵龙虽然属于食肉的虚骨龙的后代,但是食性已经改变了。由于它的嘴是角质的喙,没有牙齿,所以估计它主要吃果实,外加一些小动物,如蜥蜴、昆虫等。

它的前肢短小,但长有利爪,人们估计它们有手一样的功能,用来采摘果实,也许有时还可以用来防身。

在白垩纪，还有一种与似鸵龙相似的恐龙，叫窃蛋龙。它之所以叫这个

①白垩纪:中生代的最后一个纪。开始于1.35亿年前,结束于6500万年前。因欧洲西部该年代的地层主要为白垩沉淀而得名。这个纪末恐龙灭绝。

名字，是因为人们在发现它的骨架时，在下面发现了其他恐龙的蛋，所以断定它专门偷吃其他恐龙的蛋，是恐龙世界里一批使别的恐龙断子绝孙的“强盗”。

窃蛋龙个头比似鸵龙要小，大小像只鹅，也有一张像鸟一样的嘴，用来啄开蛋壳，吮吸其中的营养。

似 鸵 龙

它们在偷吃恐龙蛋时，不时也要伸起长颈，四面观望，一有什么动静，马上迈开细长的后腿，带着鞭子般的尾巴，逃之夭夭。

可怕而古怪的恐爪龙

与似鸵龙习性有些相似的还有恐爪龙。它发现于美国蒙大拿州等地，虽然它也用后肢奔跑，但在许多方面都很特别。

恐爪龙身长约 3.4 米，头比似鸵龙大，眼睛也大，牙床上生有利刃状带锯齿的牙齿，说明它是一种凶残的食肉动物。

恐爪龙的特别之处在它的脚和尾巴，它用后肢行走，但脚仅第三趾和第四趾着地。第二趾短，但长有长 12 厘米、像镰刀一样的利爪，是捕杀动物的致命武器，可以杀死猎物，并把它撕碎。

恐 爪 龙

它的前肢看来是辅助的武器，又细又长，趾上也有利爪，比任何其他恐龙更容易抓握。所以，它很容易利用前肢抓到猎物，然后用锋利的脚爪把猎物撕碎，开膛破肚。

由于恐爪龙在捕杀猎物时，一只脚着地，另一只脚要当武器，因此，它的尾巴就成了保持平衡的工具，好像走钢丝的杂技演员手中的平衡杆。这条尾巴由一连串长达 45 厘米的棒状骨组成，结果，这条尾巴变得僵硬，不像其他恐龙的尾巴，可以自由摆动。所以，复原恐爪龙奔跑时的姿势，它的尾巴就像翘起的棍子。

恐爪龙生活在白垩纪，能在强手如林的恐龙世界里生存，显然与它凶猛的习性有关。它那快速奔跑的能力，以及凶残的屠杀本领，使它成为一种恐怖的动物。

恐龙世界的霸主——霸王龙

霸王龙是可怕的肉食性恐龙。它是兽脚类恐龙，从瘦小的虚骨龙进化而来，到白垩纪时身体变得又高又大，骨头也变得又沉又结实。它专吃中型和大型的素食性恐龙，是恐龙世界的恶霸。

霸王龙发现于北美洲。它身长 11.5 ～ 14.7 米，站立时高达 6 米，有两层楼房那么高，平均体重约 9 吨。单是它膝盖的高度就比一个人高。

霸王龙的头骨有 1.2 ～ 1.5 米长，颌骨粗重、厚实，颌关节靠后，嘴巴可以张得很大，像血盆一样宽阔。它的头骨上有小孔，而且表面粗糙，说明肌肉很发达。它的颌骨上长着密密麻麻的牙齿，牙齿像一把把短剑和匕首，长 20 厘米，并稍稍弯曲，边缘还长有锯齿，锋利极了。因为霸王龙的牙齿一生要换好几次，因此长短不齐。

霸王龙是靠后肢直立行走的，所以它的后肢非常强壮发达。它的骨盆又宽又厚，支持着上身的体重，并能自如地转动身体，捕杀猎物。

可笑的是，霸王龙的前肢小得可怜，细弱无力，长度只有大约 80 厘米，上面只有两个长着利爪的指头。它的前肢都够不到自己的嘴，退化到根本不起作用的地步。所以，当初科学家发现霸王龙时，因为找不到它的前肢而觉得莫名其妙，后来才知道，它的前肢是几块不引人注意的骨头。

霸王龙这种可怕的动物，曾在地球上独霸一方，称王称霸。它行动不是很快，行走时还得靠巨大的尾巴来压住头部和身体的重量，以免头重脚轻。

霸王龙经常出没于旷野和森林，发现猎物后就会发动猛烈的攻击。它的嘴巴是主要的武器，用来搏斗和杀死猎物，必要时它可以用强大的后肢踩住猎物，然后把猎物一块块撕裂。

霸王龙的菜单上，有鸭嘴龙、甲龙和剑龙这样的恐龙。巨大的蜥脚类恐龙，有时也会成为它的果腹之物。

又一位“暴君”——永川龙

今天的天府之国——四川，在1.4亿年前的晚侏罗纪，却是恐龙的乐园。从20世纪初开始，有人就在那里，发现过许多恐龙化石。

1977年，在永川县（今重庆市永川区）的水库工地上，民工们又发现了恐龙化石。他们马上报告工地指挥部，工地指挥部马上采取保护措施，重庆博物馆的专家也及时赶到。大家经过科学的发掘，终于发现了一个完整的恐龙的化石。

这只恐龙，以发现地点命名，叫永川龙。这是一种残暴的食肉龙，它和霸王龙虽然长得有些不一样，但丝毫不比霸王龙仁慈。永川龙也是一种大型食肉龙，全身长8米以上，站立时高约4米。

它长有一个又大又高的头，形状是三角形，头骨上有两对颞孔、一对眼孔，眼孔很大，说明它视力很好，能望到很远处活动的猎物。它的嘴里长满了一排排锋利的牙齿，像匕首一样。它的脖子较短，身体也不长，但后肢强壮，尾巴很长。尾巴在它站立时，可以支撑身体；在它奔跑时，则需要翘起来，作为平衡器。

永川龙的前肢比后肢小，但不像霸王龙退化得那么厉害。它的前肢很灵活，趾上长着像老鹰那样的利爪，又弯又尖，可见它也是捕杀猎物的利器。它的后肢又长又粗，脚上三趾着地，用后腿行走，样子有点像今天的鹤和鹳，但它行动灵活，能拔腿飞奔。

永川龙在活着时，常常出没于丛林、湖滨，用它锐利的目光搜寻猎物，有点像今天的老虎和豹。它所猎取的对象，是那些以植物为食、行动迟缓的恐龙，如当时生活在四川盆地的巨大的马门溪龙、长着剑板的沱江龙和

永　川　龙

峨嵋龙等。

当时的四川盆地，四季温暖、湿润，到处是河湖、沼泽，陆地上长满了茂盛的蕨类和裸子植物①，生活着许许多多吃植物的恐龙。它们慢悠悠地吃着树叶，不时还抬起头来观望，看有没有危险。

在树丛中，一只永川龙慢慢地向它们接近。突然，长脖子的马门溪龙发

①裸子植物：种子植物的一类，心皮不包成子房，古生代末开始出现，现在大约有800种。如松、柏、银杏等。

现了情况，跌跌撞撞地向湖中走去，其他恐龙也迅速逃命。永川龙从树丛中一跃而起，像猛虎下山，向着一只还没有反应过来的沱江龙扑去。

沱江龙吓呆了，还来不及用尾巴上的利剑进行自卫反击，就已被永川龙的前爪牢牢抓住。它拼命挣扎，但永川龙用后脚踩住它的肚子，然后张开血盆大口，咬住它的脖子，一下子就把它撕得粉碎。

我们发现的这只永川龙，是一个倒霉的猎手，也许当时它正在追逐一只逃向湖心的马门溪龙，然后不幸陷入湖滨的泥潭……

今天，它的骨架被人类挖掘出来，陈列在博物馆里，经过人工复原后，它的样子还像活着的时候那样威武、可怕。

恐龙家族的“巨人”——马门溪龙

恐龙家族中个头最大的，要数蜥脚类了。

1952年，四川宜宾马鸣溪渡口在修建公路的时候，出土了一具大型蜥脚类恐龙骨架。杨钟健院士经过研究，把它定名为建设马门溪龙。大家可以在北京、上海的自然博物馆里，看到它的骨架。

1957年，四川石油队在合川又发现一个马门溪龙化石。相关专家把它定名为合川马门溪龙。

马门溪龙全身长22米，站立时高3.5米，它的脖子够得到三层楼的屋顶。它活着时，体重有40～50吨，是当时亚洲发现的最大、最长的恐龙。

观众进入恐龙大厅，都会叫起来：“哟，真大啊！”他们围着它惊叹、议论，

马门溪龙

实在难以想象地球上曾生活过这么大的动物!

马门溪龙站在那里，活像一座拱桥，四条大腿像四座桥墩，长长的脖子、长长的尾巴就像两头的引桥。据物理学家研究，这种骨架对于负担恐龙沉重的体重，是非常合理的。

马门溪龙的头很小，但脖子特别长，单脖子就有9米，而且颈部椎骨的数量也多，有19块(哺乳动物和人一般为7块)，并且每块颈椎也很长。有人认为，这么长的脖子适于恐龙在水中生活，马门溪龙泡在水里，脖子露出水面，像个潜望镜。

使人难以理解的是，这么大的恐龙，只长了一个不到60厘米长的小头，甚至还没有它自己的一块脊椎骨大。它的脑袋不过几斤重，要靠这个小头不断吃东西维持如此巨大的身体需要，并且用更小的大脑指挥全身的运动，实在令人感到不可思议。

有科学家推测，一只重50吨的恐龙，要维持身体需要，每天至少要吃300千克的食物。像马门溪龙这么小的头和勺一样的牙齿，非得一天24个小时不停进食才行，但这其实是不可能的。有科学家说，恐龙是冷血动物，可能很耐饿，也许吃的量不用很多。也有科学家推测，可能当时湖泊中生长有许多富有营养的藻类植物。但马门溪龙到底如何生活，目前还没有可靠的证据。

从马门溪龙的身体和脑袋外形来看，它是一种行动很慢、反应迟钝的动物，由于身体太重，有可能很长时间得泡在水里，靠水的浮力来减轻负担。颈部伸出水面观望，可以有效逃避肉食性恐龙的进攻。

有人说马门溪龙这种蜥脚类，是得了“疯长”的遗传病，是不正常的。但是，这种巨大的蜥脚类恐龙在侏罗纪晚期在全世界分布很广，绝不会是一种“病态”的恐龙。它们不但是恐龙世界里的奇观，更是地球上生命世界里的奇观。

“特大恐龙”之谜

前面，我们介绍了恐龙世界里的巨人——马门溪龙。但是，从现在的发现来看，它还不算最大。

1979年7月，美国犹他州布拉翰大学的古生物学家在美国科罗拉多州的一条干枯的河床里，发现了一块恐龙的巨大肩胛骨化石。这块肩胛骨长2.74米，按比例推算，这只恐龙活着时，身长可达24米，身高8米，体重约80吨。它的前肢高6米，颈脖长12米，所以它抬起头来，可以伸到六层楼高的房顶。科学家估计，把这只恐龙挖出来要花5年的时间，在正式研究和命名之前，他们称它为“特大恐龙”。

面对这样大的恐龙，科学家们对它的生活习性以及生理功能，越发迷惑不解。

特大恐龙的脖子长12米，它的心脏怎样向脑袋供血？这就好像用水泵把水送到高楼层，非得用大压力一样。今天的长颈鹿，它的血压非常高，就是为了把血送到头上去，而恐龙呢？恐龙的心脏还不及哺乳动物完善，特大恐龙又是怎样维持供血的？有科学家推测，特大恐龙的血压一定高得吓人。而有科学家因此假设，恐龙很可能是热血的。

特大恐龙的脑袋以及神经系统也叫人费解。中等大小的恐龙，如果尾巴被猛兽咬住，疼痛信号传到大脑，然后再传回尾部，作出反应，大约需要4秒钟。特大恐龙肯定更费时间,如果它反应迟钝,要等尾巴被咬掉后,才会反应过来。

一些专家们推测,像蜥脚类这种大恐龙,可能有一个辅助的脑袋——脊髓神经节。它长在骨盆处,指挥后肢和尾巴的行动,而那个小脑袋,只管前肢和头部的运动。

据物理学家计算,恐龙身长每增加 2 倍,体重会增加 8 倍,而腿部支撑力量只能增加 4 倍,那它的四肢怎么能支持住它那难以想象的体重?要说待在水里,也不能永远不爬上岸来吧。

特大恐龙真是谜一般的恐龙!

破纪录的恐龙
——梁龙、腕龙、震龙

在北美洲的蜥脚类中，最有名的是梁龙。它的外形和马门溪龙相似，但也有它自己的特点。

1899 年，在美国的怀俄明州，人们发现了一只巨型恐龙的骨骼。之后，科学家们才知道这种动物的古怪模样，它被命名为卡氏梁龙。梁龙的特点是：颈尾长，身躯小。所以它的个头虽然很长，体重却不一定很重。

梁龙有一个很长的脖子，大约由 15 块以上的长长的

梁　　龙

颈椎组成，而它的尾巴至少由37块尾椎骨组成。因此，这具恐龙骨架，复原后长达26米，但是这只梁龙的体重不重，大约只有10.56吨。

梁龙还有一系列很特别的地方，比如它的鼻孔长在头的顶部，在眼睛的上方，很像鲸和海豚的鼻孔，因此，人们认为这是一种对潜水的适应。梁龙的尾巴也很奇怪，上面长有一段鞭梢般的东西。

梁龙的牙齿像钉耙，长在嘴的前部，足足长2～3厘米，而且磨损厉害，所以，人们怀疑它是否专门吃柔软、多汁的植物。有专家认为，梁龙可能以鱼为食物，但是这样迟钝的庞然大物，靠捕鱼为生，岂不是用炮弹打麻雀——大材小用？也有一些科学家推测，梁龙以湖底的贝壳动物为食物，并设想，它用钉耙般的牙齿把贝壳从湖底拔起来，这样也许可以解释牙齿磨损的问题。可是，在发掘出来的梁龙骨骼中，科学家从来没有发现它们的胃里有任何贝壳的痕迹。因此，梁龙吃什么东西来维持生命，至今还没有弄清楚。

在侏罗纪，今天美国中西部的科罗拉多州、怀俄明州和蒙大拿州是热带盆地，分布着巨大的湖泊和宽阔的河流，周围生长着茂盛的热带植物。繁茂的植物林中生活着许许多多巨大的爬行动物。它们无忧无虑，寻找着可口的食物。

梁龙整天泡在没顶的湖泊中，靠那长达6米的脖子，就是在9米深的湖中，也能自如地呼吸、行走。

20世纪初，梁龙被发现之后，引起全世界轰动，许多国家的博物馆纷纷陈列这种史前巨大动物的模型。

非洲发现的蜥脚类恐龙叫腕龙。它和梁龙又有一些区别。

腕龙身长不如梁龙，大约为25米，但腕龙尾巴短，脖子长。它前肢长，后肢短，背脊向后倾斜，可以有力地把脖子抬高，姿势很像今天的长颈鹿。它站着时，头可以超过12米高的建筑物。

腕龙和梁龙一样，鼻孔长在头顶之上，显然也是适于在水中生活的。腕龙的体重比梁龙大，可以达到50吨，但生活习性看来是差不多的。

1986年1月，人们在美国新墨西哥州侏罗纪晚期的地层中发现一个巨大的恐龙化石。它长42.7米，肩高5.2米，臀高4.6米，取名“震龙”。它是世界上最长的恐龙之一，比1987年在我国新疆准噶尔发现的长30米、高10米的恐龙还长些。

“打雷的蜥蜴”——雷龙

在北美洲，人们还发现过一种巨大的蜥脚类——雷龙。

1877年，古生物学家在美国怀俄明州发现一个恐龙墓地，挖出了披甲的剑龙、巨大的跃龙（一种食肉龙）、两足的弯龙等。其中，还有保存完整的雷龙。以前，人们在得克萨斯州干硬的泥岩上，发现过这种恐龙的足印，当时估计，这种动物的身体有6头大象那么重，就把它取名为“雷龙”，原意是“打雷的蜥蜴”。可以想象出这种恐龙在行走时，大地会发出雷鸣般的声音。

在怀俄明州发现的那只雷龙，生前身长15米。它的头非常小，可以说小得可怜，实际重量和大小还不如它的第四或第五块颈椎骨。它的鼻孔长在头的最后部，也就是两眼之上的头顶部

雷　龙

位。这说明雷龙全身浸在水中时，只要头顶稍稍露出水面，就能呼吸。

雷龙的脖子很长，而且容易弯曲，分量在整个脊柱中是最轻的。它的身体较短，体腔中等大小，而四肢和脚十分粗壮，尾巴很长，尾骨十分结实。

根据复原后的骨架估计，雷龙活着时，体重约有20吨，行动笨拙，反应迟钝，但是，它究竟是如何生活的，仍是个令人疑惑不解的问题。

从雷龙鼻孔的结构来看，它是喜水的动物，大概只是在繁殖时，才上岸来。有人根据雷龙留下的脚印，推测它会游泳，理由是有些地方留下的脚印只是它的前足，而且很轻地印在泥浆上。这说明它漂在水上，用前足稍稍蹴水，改变方向或向前游动。还有，它的尾巴印痕常常找不到，按理说，如果雷龙拖着尾巴在湿地上走过，就会留下尾巴的痕迹。

还有一些专家又作出这样的推测：雷龙并不在水中生活，而是像大象一样，生活在平原和森林中。理由是四条腿的雷龙，很像陆地上活动的大象，而不像水中活动的河马，如果雷龙在水中生活，就不需要如此粗壮的四肢。而且，它的脚不适于在泥泞中行走，因为它的脚趾短粗、僵直，而不像河马那样，脚趾张开，适于在软的泥土上站立。

恐龙都是卵生的。但是美国科罗拉多州立大学博物馆馆长、古生物专家罗巴道巴喀，提出了雷龙是胎生的新论点。他的理由是：雷龙骨骼中有容纳胎儿的空间，雌性雷龙骨骼中有胎儿的微小骨骼等。

一些科学家还推测，雷龙是聚群生活的，它们有高度的组织性，像羚羊和象群一样成群生活。在得克萨斯州，有人发现一个化石坑中有23条雷龙的脚印，步子都朝着一个方向。这样也解释了没有尾巴痕迹的问题。雷龙群在行走时，它们都要把尾巴僵直地提起来走路，免得被后面的恐龙踩住。

像雷龙这样的恐龙聚群生活，似乎证据充分，因为每只雷龙每天需吃半吨食物，所以它们必须经常换“牧场”，寻找新的食物。

我们可以想象，在侏罗纪的平原上，一群浩浩荡荡的雷龙在结队前进，是怎样一幅壮观的景象呀！

恐龙世界的“四不像”——芙蓉龙

1970年，在我国湖南省桑植县，人们发现一具完整的爬行动物骨架。它身躯不大，但样子有点奇特。

奇特的地方是它的背脊骨，它的椎骨的背棘非常长，变成了一条条带状的枝，整齐地在脊梁上方排成一排，活像一张帆，也有点像海生动物背上的肉质鳍条。

它的头很小，嘴巴像鹦鹉状的喙嘴，没有一颗牙齿，而是以坚硬的角质鞘来达到牙齿的功能。它的样子很像大陆龟的脑袋，从这个特点看，这个怪物很可能是杂食性动物。

它的四肢很发达，脚趾短而粗，爪骨平扁，说明它可以快跑，而且主要在水边或沼泽地带活动，很像鳄鱼。

这种爬行动物，最早发现于100多年前。由于化石很零碎，人们不知道这种动物究竟是一副什么样子，所以一会儿说它是虚骨龙，一会儿说它是肉食龙，一会儿又说它是“两栖类动物”。

由于我国发现了它完整的骨架，人们才知道这种奇怪动物的真面目。因为它发现于湖南，湖南又有“芙蓉国”的美称，所以，这种四不像的爬行动物被

芙 蓉 龙

叫作“芙蓉龙”。

芙蓉龙生活在中生代早期的中三叠纪，现在被放在爬行动物的槽齿目中，是恐龙祖先的一个近亲。

光怪陆离的一支——鸟龙类

现在我们开始介绍恐龙的另一大类——鸟龙类。

我们已经知道，与蜥龙类不同，鸟龙类的骨盆是四射形的，样子像鸟的骨盆。鸟龙类全是素食性恐龙，所以牙齿趋于退化。它们的头骨和颌骨，有点像鸟的喙嘴，而且下颌骨前多出一块骨头，叫前齿骨。这个特点也是蜥龙类没有的。

因为鸟龙类像今天的牛、马、羊、鹿，专吃植物，它们的四肢也变得像食草哺乳动物，趾端长着扁平的指甲，活像蹄子。

为了防御敌人——肉食性恐龙的袭击，一些鸟龙类在进化中长出形形色色的防御性装置，身上长着棘刺、骨板、甲片及犄角。这些特点给恐龙世界增添了奇异的色彩。

根据鸟龙类中防御结构的不同，其中又可划分为五大类群，它们是：鸟脚类、剑龙类、甲龙类、角龙类和肿头龙类。

鸟龙类是在三叠纪出现的，但发现的化石材料很零碎，所以三叠纪还是鸟龙类的孕育期。

在我国云南禄丰大地村，人们发现过一种小型恐龙，它就是原始的鸟龙类，名字叫大地龙。

大地龙大小像只鹅。但发现的材料只是一块不太完整的下颌骨，上面长有鸟龙类特有的前齿骨，上面没有牙齿。下颌骨上的牙齿从前到后变大，而且重叠，都长在齿槽之中。

据其他材料推测，大地龙是一种两足行走的小动物。

原始鸟龙类化石还在南非和南美洲的阿根廷被发现过。

大约与大地龙时代相同，南非生活着一种畸齿龙，它已经基本上具备了鸟龙类的特征，但个体仍较小，颌骨的构造也很像大地龙。

然而，畸齿龙的牙齿很特别，不像其他恐龙的牙齿是同型齿，它的牙齿在爬行类中是“畸形”①的，很像哺乳动物的异型齿，有门齿、犬齿和臼齿的区别。其中犬齿很大，从牙齿特征上看，畸齿龙也是素食者。

大地龙和畸齿龙，是鸟龙类中鸟脚类恐龙的祖先。

①畸形：生物器官由于先天或外界条件影响，形态发生异常，叫作畸形。

弯曲的蜥蜴——弯龙

鸟脚类有一种原始成员叫弯龙，这是一类小型到中型的恐龙。小型的大约长 2 米，大的则长达 6 米。它主要是两足行走，在缓慢走动或寻找食物时，则四足行走，因为身子能直又能弯，所以被叫作“弯龙”，就是“弯曲的蜥

弯　龙

蜴”的意思。

弯龙的头骨长而低,上面两个颞孔,前一个较小,后一个大。鸟龙类从弯龙开始,前面一个颞孔逐渐退化,慢慢消失,它的颌骨前部没有牙齿,环绕鼻孔的部分是一块宽扁的喙,上面还有一层角质覆盖物,很像鸟嘴。颌骨两侧,长有叶片状的牙齿。所以,弯龙是一种吃植物的动物,它用角质的喙嘴把树叶和嫩枝啃下来,再用舌头往嘴里送,然后由两侧的牙齿细嚼。

从弯龙的身体结构上看,它是一种行动迟缓的动物,在必要时,它也许靠长长的后脚奔跑,躲避肉食性恐龙的跟踪。但弯龙并不善于快跑,更多的时候是采取躲避的策略,弯下腰来,藏在树丛中,以免被敌人发现。

弯龙生活在侏罗纪晚期,其化石目前主要发现于欧洲西部和美国西部。

恐龙世界的“羚羊”——棱齿龙

欧洲的白垩纪地层中，发现过一种小型的鸟脚类——棱齿龙。从结构上看，它要比弯龙原始，但长得十分精巧。以前有人认为棱齿龙主要生活在树上，而现在却被认为是快跑的冠军，被誉为恐龙世界的“羚羊”。

棱 齿 龙

棱齿龙因它的牙齿齿冠高而得名，身长不过1.4米到2.3米，站立起来高约60厘米，很像前面介绍的腔骨龙。它有一对强大的后肢和较小的前肢，是典型两足行走动物，身体重心落在臀部，行走和奔跑时，有一条长尾巴用来保持平衡。

棱齿龙弯弯的脖子上，长着一个小脑袋，前颌骨上还长着牙齿，这说明它比弯龙原始，因为弯龙的门齿已退化成角喙。

奇怪的是，棱齿龙的背上，还长有两排甲板，有什么用处还不清楚。它的骨骼比较粗笨、沉重。它的后肢长，有四个脚趾，脚趾长而灵活。前肢长度不及后肢的一半，有五个“手指”，指端长有爪子，正因为如此，开始有人认为，这种爪子适于爬树，它是树栖生活的动物。

但一位研究动物运动的专家，在研究了棱齿龙的后腿之后，推翻了上述棱齿龙是树栖生活的说法。

这位专家的理由是，动物的上下腿骨的比例，是推断它们运动速度的依据。比如，大象是一种自我承重的动物，行走不快，它的股(大腿)骨长，胫(小腿)骨短，胫与股的比值是0.6。而比赛的骏马，它的胫骨就长得多，胫与股的比值达到0.92。在今天的动物世界中，快跑的能手羚羊，它的胫、股比值高达1.25。

根据这样的分析，这位专家发现，似鸵龙的胫、股比值是1.12，说明它确实能像鸵鸟一样迅跑。而且，他惊讶地发现，棱齿龙的胫、股比值达到了1.18。所以，可以想象它是一类奔跑速度极快的恐龙。它在迅跑时，很可能像许多善跑的动物，用脚趾而不是用脚板奔跑，它的速度很可能超过鸵鸟。

这一说法，也引起了一些专家的不同看法，比如，不能将外貌作为绝对标准来证明奔跑速度；羚羊、马是四足动物，而两足奔跑和四足奔跑可能有不同之处；还有，棱齿龙是否也是热血恐龙，不然它怎么能维持高速奔跑时的新陈代谢呢？

棱齿龙，又给谜一样的恐龙世界增加了一个未解之谜。

放大的弯龙——禽龙

鸟脚类恐龙在白垩纪，发展为禽龙和后面即将要介绍的鸭嘴龙。

禽龙，我们在前面已经提到，是最早被命名的恐龙之一，在恐龙世界中，它是鸟脚类中的成员。

禽龙从弯龙进化而来，个体比弯龙大，身长可达 10 米以上，所以被称为“放大了的弯龙”。

禽龙出现在白垩纪早期，人们在欧洲发现了很多它的化石，因此对它了解得也比较详细。

禽龙虽然像弯龙，但又与弯龙不一样，它的牙齿比弯龙多，而且都长在齿槽内，老的牙齿磨光后，新的牙齿就会长出来替换。禽龙的前肢，按比例比弯龙要大，它主要用后肢行走，但偶尔也用四足行走。

禽龙的前肢也有五个“指头”，但它的“大拇指”变成了尖利的钉状。可以想象，这个“钉耙”般的拇指，会给贸然进攻的敌人以什么样的打击。

禽龙是曼特尔首次发现的，人类真正对恐龙的研究，也是从禽龙开始的，它激起了人们极大的兴趣，去探索恐龙世界的奥秘。今天，在曼特尔的故居前，人们写着“他发现了禽龙”，用来纪念这一伟大的发现。

当人们对禽龙这种庞然怪物迷惑不解的时候，1878 年在比利时蒙斯的一个矿井里，人们发现了一个巨大的禽龙坟墓，里面埋着约 30 只成年的禽龙个体。这些禽龙，很可能是在进入一条沟谷后，被切断退路，埋到地层里去的。而负责研究这批禽龙的学者多洛，发现其中并没有幼年的个体，便想象它们像传说中的大象，在知道自己死期将临时，默默跑到一个秘密地点，安静地死去。

禽　龙

1937 年，一支美国考察队在怀俄明州和科罗拉多州的梅萨凡尔德煤矿中，发现了一种巨大的禽龙脚印化石，它们一步的距离足有 1 米，因此推算，这种禽龙应有 10 米多高。

禽龙是恐龙世界中进化最成功的恐龙之一。

头长巨瘤的肿头龙

白垩纪晚期,鸟龙类中出现了一类很奇特的恐龙,叫肿头龙。

肿头龙身体较大,长可达 9 米,结构粗壮,用后肢行走,但最奇特的地方是在它的头部。它的脑部上方,出奇地肿大,这是由骨头变厚而形成的一个巨瘤。由于头骨增生和加厚,头骨上的四个颞孔也封闭了。并且,头骨的两侧和前端,长出许多瘤状的突起。

肿头龙头骨这种奇特的发展,又是一个令人不解的问题。它加重头骨的分量,加厚头骨的厚度,并装饰有瘤状突起,似乎把头变成了一把"锤子"。

这把"锤子"有什么用,现在无人知道,也许是它用作防身的武器,当敌人胆敢进犯时,它用铁锤似的脑袋,向敌人砸去。也许这把"锤子"的功能类似于鹿角,是交配季节争夺配偶的武器,但是雌性肿头龙也生有巨瘤,这就不好解释了。

古生物学家复原的一幅画中,两只肿头龙在对撞,就像两只正在角斗的牡鹿。

但我们又可以想象,一群肿头龙在被一只肉食性恐龙袭击时,立刻围成一个圈,把它们的幼仔围在当中,它们一个个头向外,像一颗颗上膛的炮弹,一触即发。肉食性恐龙淌着口水,但无从下手,只好悻悻离去。这个场面,很像非洲草原上的斑马群。斑马群一旦遇到狮子,就会头向里、屁股向外围成

肿 头 龙

一个圈。当狮子妄想靠近时，斑马就会飞起后蹄，踢得它鼻青脸肿。肿头龙的脑袋，究竟是不是起这个作用，当然还是一个谜。

长着鸭嘴的恐龙——鸭嘴龙

鸭嘴龙是鸟脚类恐龙发展的最后成员。这类恐龙模样很特别，头骨前部和下颌骨向前伸去，成为一个宽而扁的嘴，嘴的前面有角质的喙，酷似今天鸭子的嘴，所以被叫作鸭嘴龙。

鸭 嘴 龙

鸭嘴龙的身体长 7 ～ 10 米，体重至少有 6 吨。它们后肢粗壮，主要用两足行走，脚宽大。前肢细弱，好像一双小手，有时前肢也帮助匍匐行走，或把身体从地上支撑着站起来。尾巴扁平，在站立时正好与后腿形成一个三角支架。它们的趾间有皮质的蹼,适于水中生活。

鸭嘴龙的头骨很长,颌骨两侧长着菱形的牙齿,数目多得惊人,上下颌最多可有2000多颗牙齿,这些牙齿密集地长在一起,交互排列,呈叠瓦状。旧牙磨光了,马上有新牙长出来补充。这种牙齿很适于磨碎、咀嚼粗糙的食物。

鸭嘴龙的食物,主要是一种含硅质多的木贼,吃起来对牙齿磨蚀很厉害。在白垩纪晚期,许多被子植物①纷纷出现,这些被子植物要比一些水生植物硬得多,它们牙齿的形状就是对这些食物的适应。

鸭嘴龙最奇特的地方是,不同的种类有着不同形状的头骨。

一类鸭嘴龙是平头,头骨扁平,头顶没有任何突起或顶饰。我国发现的山东龙和加拿大发现的埃德蒙特龙都属于这类,又称为鸭龙。

另一类鸭嘴龙,头上长着奇奇怪怪的突起。它们的前颌骨和鼻骨缩到骨顶上,中间形成空心的突起。其中比较特别的有下面几种:

原鹅龙,个子很小,顶饰像植物的球茎,突起在头顶,活像家鹅头顶上长的肉球。

赖氏龙,体型较大,顶饰像一把板斧,竖起在头顶,"板斧"之后还有一根向后伸出的棘棒。

盔龙,身长9米,头顶有半月形突起,活像士兵戴的钢盔。

副栉龙,顶饰是一根中空、弯曲的管子,这根管子从头骨向外延伸到肩部,长度是头骨长度的3倍。这种顶饰,是鸭嘴龙中最大的。

对于这些奇奇怪怪的顶饰,古生物学家做了种种推测,但都不能令人满意。鸭嘴龙为什么会进化出这种突起?这种突起有什么用?这些至今是恐龙世界里的谜团。

有人认为,顶饰可能是"储气室",当恐龙潜水时,可利用当中的氧气。可是,这个"储气室"太小,对这么大的恐龙在水下活动所需要的氧气,实在是杯

---

①被子植物:最高等的种子植物,心皮包成子房,有真正的花,有雄蕊、雌蕊,还常有花萼和花冠。常见的植物桃、梅、李、杏、稻、麦、高粱都是被子植物。

水车薪。

也有人认为,顶饰是装饰品,就像哺乳动物的角,只有雄性的鸭嘴龙才长有顶饰。可是人们对顶饰解剖后发现,有的顶饰中间是空的,而且连着鼻孔,所以,它并不仅仅是装饰品。

有人根据顶饰中空的特点,认为一些顶饰是呼吸管,恐龙在水下吃东西时,用它来呼吸空气。可惜,这样的管子对鸭嘴龙潜水,实在帮助不大。

还有人说,顶饰中空可能是一个共鸣箱,恐龙在吼叫时,可以增加它音量的共鸣。美国约翰·霍普金斯大学古生物学家罗伯特认为它与甚低频率的声音共鸣,可以作为群居、集体行动的联络信号。

而另一位美国古生物学家,对现代爬行动物的鼻子和功能进行研究之后,认为这种顶饰很可能是用来提高嗅觉能力的。

哺乳动物的嗅觉灵敏,是靠盖有一层感觉黏膜的蜗形骨而大大增加感觉面积。爬行动物没有这种蜗形骨,因此只能靠延长或扩大鼻道来增加感觉面积。

鸭嘴龙是一种没有防御能力的恐龙,它们无法抵挡肉食性恐龙的攻击,只好想尽办法,及早发现敌人,然后快快逃走。因此拥有灵敏的听觉、视觉和嗅觉对它们非常必要。

鸭嘴龙的眼睛很大,说明视力不错。现在的蜥蜴,是把爪子按在地上,来收听动物走动时发出的震颤,这种震颤会通过头骨传到它们的听小骨。而鸭嘴龙身材高大,显然不能用这种方法来发现敌情。

鸭嘴龙从空气中收听声音的能力远不及哺乳动物,哺乳动物有三块听小骨,而爬行动物只有一块听小骨,所以,它们为了防身,不得不另想办法,发展出灵敏的嗅觉来发现敌情。

这一理论的提出者还认为,有顶饰的鸭嘴龙,主要是在沿海平原上活动,而不是在水中生活,因为它们吃的是陆生植物,而不是多汁的水生植物,这样,灵敏的反应能力就显得更重要了。

但是,这一理论仍有值得推敲的地方。因为爬行动物没有油脂和汗腺,不像哺乳动物身上的气味，可以传得很远。除非大型肉食性恐龙也像哺乳动物会散发汗味和油脂味，否则，鸭嘴龙的嗅觉似乎也没有多大的用处。

所以，这些古怪的顶饰，至今还是一个谜！

中国的鸭嘴龙

中国发现了很多鸭嘴龙的化石,其中有些化石在世界上也属珍贵的标本。其中最值得一提的是巨型山东龙和棘鼻青岛龙。

巨型山东龙发现于山东省诸城市。1964 年 8 月,一支地质队在一条叫龙

中国鸭嘴龙

骨洞的沟谷中，发现一块巨大的腿骨，经专家鉴定后，确认这是一块大型鸭嘴龙的胫骨。

从 1964 年到 1968 年，有关单位在这里先后进行了 4 次发掘，采到大量恐龙化石，共计 30 吨重，代表着 5 个恐龙个体。

经过专家们三年精心整理，复原了这具完整的鸭嘴龙骨架，终于在 1972 年装架完毕，并在北京自然博物馆展出了。

山东龙是一种大型鸭嘴龙，头上无顶饰，头骨顶面较平坦，后面比较宽，从侧面看去，很像一只鸭头。

骨架从头到尾长 15 米，站立时高 8 米，后肢粗壮，前肢细弱，两足直立行走，身后拖着一条大尾巴。这只鸭嘴龙体型很大，在世界上发现的鸭嘴龙中，它算是最大的，又因为其化石发现于山东，所以叫作“巨型山东龙”。

1950 年春天，山东大学地矿系在青岛市东北野外实习的时候，发现一块完整的鸭嘴龙化石和它的蛋化石。经中国古生物学奠基人、恐龙研究之父杨钟健院士研究，定名棘鼻青岛龙。

青岛龙全长约为 7 米，站立时高 4.9 米，活着时体重 6 ～ 7 吨，但是它的脑子很小，只有 200 ～ 300 克重。

青岛龙的顶饰是一根骨棒，上面带有突出生长在额骨、鼻骨上的棱脊，这是一种棘鼻状顶饰。青岛龙也是用两条强壮的后脚行走，有三个脚趾，趾间可能有蹼，前肢细长，很像两只手。青岛龙生活在河湖岸边，以底栖动植物为食。

身披利剑的剑龙

剑龙是恐龙世界中一类古怪的成员，因为它的背上有两排骨板，所以又叫骨板龙。

剑龙在这个世界上来去匆匆，它们出现在侏罗纪早期，到白垩纪初就灭绝了，但是它们在世界上分布很广，而且数量很多。

剑龙大小像头大象，身长 7 ～ 9 米，四肢粗重，足短而宽，前肢极短，后肢较长，行走或站立时，肩部很低，臀部拱起，像座小山。

就在它两头低、中间高的脊背中线上，交错排列着两排三角形骨板。骨板边缘薄、底部厚，外面可能还包有一层角质皮肤。这些骨板中，没有两块的形状是相同的，它们的功能至今仍叫人疑惑不解。

有趣的是，像大象一般的剑龙，头却小得出奇，而大脑更小，大约只有一只核桃大小，重 10 克。这样小的大脑，根本无法指挥剑龙的全身行动。

为了弥补大脑的缺陷，剑龙在腰带部位，还长了一个庞大的神经结，这个神经结比大脑大 20 倍，在传达命令时，可以起到“中继站”的作用。所以，有人说剑龙有两个大脑。

剑龙的头小，它的牙齿也很小，形状像叶片，所以它是吃植物的。剑龙又是一种行动迟缓的动物，平时在树丛和高地上漫游，寻找嫩的枝叶充饥。

尽管剑龙笨重而迟钝，常常会成为肉食性恐龙的食物。但是，肉食性恐龙要吃它,也没有那么容易,因为在剑龙的尾巴上,长着四根很大的像钉子一样的刺,像四把利剑。当肉食性恐龙向它逼近时,它会挥舞这条尾巴,给敌人以致命回击。

在世界各地,剑龙的模样也稍有不同。上面描述的这种剑龙,生活在北美洲。在欧洲,一种发现于英国的剑龙,叫肋骨龙,身长 3.7 米,头较剑龙大,头上骨板小,但脊背、脖子和尾巴上长满了骨板,尾巴上没有钉状的长刺。

在亚洲,我国发现了很多剑龙化石,最完整的是 1974 年在四川省自贡市伍家坝发现的多棘沱江龙,样子很像北美洲的剑龙,背上有两排骨板,各 15 块,尾巴上有 4 根棘刺。它身长 7 米,头呈三角形,又小又扁。牙齿很小,像佛手形状。多棘沱江龙是素食性恐龙,经常在茂密的灌木丛中活动。

在新疆乌尔禾,也发现过一种剑龙化石,叫平坦乌尔禾龙,是一种较大的剑龙,形状也与北美洲的剑龙相近,背上的骨板像铡刀形状,它们生活在白垩纪早期。

剑龙的骨板,一直令人难以理解。如果不是发现了化石,真难以想象,曾经有这么古怪的动物在地球上生活过。

剑　龙

有人认为这种骨板是一种保护装置,长在那里可以保护裸露的脊背,但这种说法很勉强。

有人认为这种骨板很像中生代苏铁类植物的叶和花,骨板外的角质皮肤呈现不同的颜色，当剑龙在树丛中活动时起保护作用。这种“拟态”理论，似乎也没有多大的依据。

还有人说，骨板是雄剑龙在交配季节争夺雌性的武器，但也显得理由不足。

美国耶鲁大学的古生物学家法罗对剑龙骨板进行了实验，提出了新的看法，他认为骨板是剑龙的散热装置。

他们对剑龙的骨板进行切片之后，还做了 X 线检查，发现骨板内有大量穿孔以及大的分支管道的痕迹，可能是血管和脉络沟能接受大量血液。

他们还对剑龙骨板的形态、导热性能进行研究，发现这是一种特殊的对流散热器。恐龙交错排列的骨板，要比对称不间断的骨板散热性能更好。

于是，这些古生物学家断定，剑龙在需要降低体温时，可以走到通风凉爽的地方，使骨板中血液流量增多，以散发过高的体温。但是，这种骨板是否也是一种加热器，好似太阳能吸收板用来升高体温，这些古生物学家们并没有说。

剑龙为谜一样的恐龙世界增加了奇异的色彩。

身披铠甲的甲龙

在白垩纪初，剑龙在地球上消失之后，有一支新的鸟龙类出现了，它就是甲龙。

甲龙是在自卫手段上走到了顶点的恐龙。它全身披着厚重的骨甲，活像一辆坦克，所以又叫坦克龙。在白垩纪恐龙家族中，肉食性恐龙非常多，因而甲龙这种素食性恐龙，必须发展出完善的防御手段，才能在激烈的生存竞争中存活下来。

甲龙的武装，从头到尾算是装备到了家。它的头很宽，几乎被包裹的骨甲盖得严严实实，头骨的四个颞孔，几乎完全封闭，脑袋变得十分结实。它的身上，覆盖有大大小小五边形的甲板，从脖子一直裹到尾巴。

甲龙身体扁平，所以每当遇到强敌时，它只要紧紧伏在地上，把头和四肢收紧，就可以使凶猛的霸王龙，一时无从下口。

但是，任何一种防御武器都有其弱点，所以甲龙也不是就可以凭这点装甲安然无事。如果一只霸王龙用后腿踩住甲龙的背脊，这样重的分量也够长5～6米的甲龙受的了。然后，霸王龙用可怕的牙齿，从甲龙腹面把它的皮肉撕开，甲龙也难逃被吃掉的厄运。

后来，甲龙对自己的装甲也有了改进，在防御薄弱的腹侧，增加了一排或几排大的骨刺，这样贪婪的食肉龙又难以下口了。

当然，甲龙并不是等着挨打的动物，它也有具有攻击性的防御武器，这就是它的尾巴。它的一条长尾巴，末端粗大，形似锤子，在危急时刻，它也可以挥舞大锤子般的尾巴，把敌人揍得晕头转向。

早期的甲龙以拖龙为代表。拖龙的样子有点像剑龙，全身长4米左右，头呈三角形，比较小，牙齿细弱。它的全身覆盖着单个的、犁头状的骨板，从颈部、背部一直分布到尾部和四肢外侧。拖龙的这种装甲，显然要比后期的甲龙落后和原始，护身效果也差。拖龙的尾巴，是一条长长的、骨骼愈合很牢的棒状骨，上面也排列着骨片。

霸王龙（上）和甲龙（下）

比拖龙时代晚出现的甲龙，以一类结节龙为代表。这种结节龙，从外形上看，也很像剑龙，身长3～4米，背部拱起像座小山，用4条腿走路。它的脚长得又宽又短，四肢长短差不多，像4根矮柱子。

结节龙的头，比剑龙的头大些，嘴巴短而圆，上面也覆盖着厚厚的骨板。它的身体又短又扁，背上长着大大的甲板，周围分布着一些小甲板，把身躯裹得严严实实，活像古代将士用铜片或皮革串成的甲胄。

甲龙发展到后来，就变成了我们开始介绍的那种样子，这种甲龙叫背甲龙，是最典型的甲龙。它一直是吃素的恐龙，牙床前面根本没有牙齿，只是长了一个角质的套，里面的牙齿很小。估计甲龙主要以嫩叶以及多汁的植物根、茎为食。它们可能在剑龙灭绝后，占领了原先剑龙生活的地盘，发展出有效的防御手段，一直生活到中生代结束。

头上长角的角龙

角龙是恐龙世界中，出现最晚、种类最繁多的一种恐龙。它出现在白垩纪晚期，所以，它是恐龙时代的末代皇帝。

角龙大部分头上长着角，形状奇特，所以刚被发现时，人们还不知道这是什么东西。

霸王龙(左)和角龙(右)

最初发现的角龙，是头上一对角、鼻上一只角的三角龙。1877年在美国科罗拉多州丹佛市郊，农场工人在整地时发现一对大角。这对角经耶鲁大学古生物教授马什鉴定,认为是一种野牛的角,时代可能是第三纪[①]。而有一位年轻的地质学家怀疑这个判断,因为他在那里工作过,认为地层是属于中生代的白垩纪。后来这种带角的动物化石,又有不少出土,被证实确实产在白垩纪地层中,这才使人相信,这是恐龙头上的角!

角龙基本上是四足行走的,其最大特点是头上长有角,以及被称为"襞状部"或叫"颈盾"的带孔骨板。

从外貌上看,角龙的头骨很长,前部深窄,长着一个鹦鹉式的喙嘴。头骨长度为全身的$\frac{1}{4}$～$\frac{1}{3}$。这么长的头,有一半是脑后的一块宽大、带孔的骨板,它是由顶骨以及鳞骨扩大向后延伸形成的。这块骨板的作用,一方面可以附着颈部的肌肉,另一方面可以保护颈部和肩膀。

角龙的角有奇奇怪怪的形状,数目也不一,角的外面包着角质的鞘,很明显这是非常厉害的防身武器。某些角长度可达 1.2 米。

角龙还长有短而宽的脚,适于走路,前脚有五趾,后脚四趾,趾上有蹄一样的构造。专家们对角龙肢关节的研究表明,大型的角龙跑起来,可以像犀牛一样快,速度可达每小时 48 千米。

角龙中最原始的种类是原角龙和秀角龙。

原角龙发现于亚洲。蒙古人民共和国、我国内蒙古和宁夏都发现过原角龙化石。这是一种身长不到两米长的小动物,头上还没有长出角来,只是在鼻骨上有点凸起。但是,它颈部的骨板却很大。

原角龙长有一个尖尖的,像鹦鹉样的喙嘴。嘴边前部没有牙齿,但两侧长有牙齿。它主要吃植物的嫩枝叶,以及多汁的根和茎。

人们曾经发现过一个原角龙墓,里面有从成年到幼体的许多角龙骨架,这说明原角龙是一种群居的恐龙。人们也曾经发现过成窝的原角龙蛋化石,里面有还未孵化出来的小原角龙骨骼!

---

①第三纪:地质年代新生代中的一个纪。始于 6500 万年前,结束于 160 万年前。最初认为它代表地球的第三个大的时期。它又叫哺乳动物时代。

秀角龙发现于北美洲，它也是一种小型的恐龙，身长大约 1.83 米。它四足行走，前肢变大。前后脚上有趾，主要是第 1 ～ 3 趾起作用，第 4 ～ 5 趾退化。它的嘴也像鹦鹉一样，颈盾比原角龙大，鼻骨上的角也很小，所以得了个“秀角龙”的美称。

从原角龙开始，角龙发展出形形色色的种类。这些五花八门的角龙，主要表现在它们体型的增大、颈盾的发展，以及各种各样的犄角的出现。

下面让我们来看看，这些奇奇怪怪的角龙家族的成员。

独角龙，在鼻骨上长有一只大角，很像犀牛，但眼睛上还有两只小角。它的身体长 6.5 米，是角龙中的大个子。然而它的颈盾很小，在两侧各有一个

原 角 龙

大的孔洞。

戟龙，也是一种较大的角龙，头部和身体特征很像独角龙，头顶上长着一只大角，眼睛后面各有一只很小的“眉角”。

戟龙最特别之处，是在它的颈盾上长着一排剑一样的棘刺。从边缘向外伸出，活像古代战将背后插的一排“画戟”，威武极了。所以它们得了这个名

字，叫“戟龙”。长着这么多角刺的戟龙，叫谁看了也不免心惊胆战！

三角龙是有名的角龙，它在鼻骨上长有一个较小的利角，眼睛上的两个眉角非常长，一直向前方伸出，像是两把利剑。它的颈盾较大，两侧孔洞已封闭，活像一副盾牌。三角龙个头很大，可以长到 6 ～ 7 米。

角龙的生活习性，很像今天的犀牛。犀牛是食草动物，但是，就连最凶猛的狮子见了它也得让它三分。角龙似乎更为凶猛，角龙在防御上把剑和盾的功能全部集中在自己的头部。长而锐利的角，是向前冲刺的利剑。厚重的颈盾，不仅可以保护身体，而且可以增加冲刺时的力量。

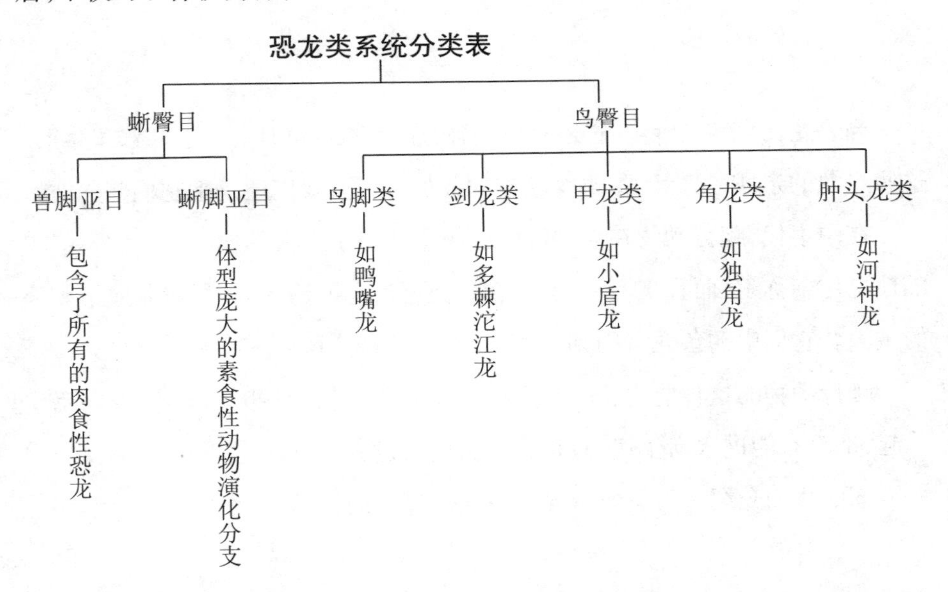

如果霸王龙想吃掉一只角龙，实在不那么容易，弄得不好，霸王龙还会被角龙杀得肚破肠流呢！

为什么角龙会有奇奇怪怪的角，现在还没弄得很清楚呢！从现代的动物来看，羚羊的角，也可算是形形色色，五花八门的，也许角龙的角也是通过突变，同时经过长时间的选择而发展起来的。

恐龙的“堂兄弟”

当恐龙在大地上漫步时，还有一些恐龙的亲戚在陆地、天空、海洋里生活。这些恐龙的亲戚，虽然不是恐龙家族的成员，但是，我们还是把它们叫作龙。

在中生代，爬行动物在对环境的适应上获得了极大的成功。它们不但在陆地上称霸称王，而且飞上了天空，在鸟类还没有统治天空时，翼龙成了蓝天的主人。它们中的鱼龙又回到了海洋，与鱼类平分秋色。

爬行动物的这种能力，只有后来的哺乳动物才能比拟。但是，龙和恐龙一起，都没有能进入新生代，只是成为历史的过客。

下面我们介绍一下恐龙堂兄弟中几位显赫的成员。

奇异的翼龙

1784年在德国巴伐利亚地区的石灰岩中，人们发现了一块从来没有见过的奇怪的动物化石。这块化石十分特别，专家们看到了也觉得莫名其妙。有人说，这是海洋里的动物；有人说，这是鸟和蝙蝠之间的过渡种类。

这块化石的样子确实奇怪，它的身形像蝙蝠，嘴巴像啄木鸟，脊椎骨和四肢像蜥蜴，牙齿像鳄鱼，身上还有鳞片。

古生物学家居维叶在看了这块化石后认为，这是一种蜥蜴，并叫它"翼手龙"。他认为这是远古爬行类中，一种最特殊的类型。但是翼手龙究竟是如何生活的，人们至今仍不清楚。

1828年，一位叫玛丽·安宁的英国小姑娘，在莱姆里吉斯发现了一具完整的翼手龙骨架。这时人们才知道，翼手龙是飞行家。但是，奇怪的是翼手龙的前肢，仍带有三个爪。这种爪，被推测可能是用来爬树或悬挂身体用的。

现在，我们才知道，翼龙有两大类，一类是长有长尾巴的喙嘴龙，另一类是尾巴很短的翼手龙。

在两种翼龙中，喙嘴龙是较原始的一类。它们的身体大小，因种类不同相差很大。小的像只麻雀，大的可以长达6～8米。

喙嘴龙的头大而长，眼眶很大，每侧都有两个颞孔。嘴巴很尖，里面长满了尖利的牙齿。这种特征说明喙嘴龙的视力很好，可能专门在湖泊、海洋上徘徊，像海鸟一样，捕捉露在水面的鱼类。

它们的头颈一般很长，能自如地弯曲。身体的脊背部分则很短，有一条很长的尾巴，像是一根鞭子，尾巴的尽头还有一块舵状的皮膜。

它们的前肢变成了翅膀。肢骨变得又长又结实，成为翼膜的支架。有趣的是，它们的前肢中第四趾变得极长，把翅膀撑得很大，第五趾退化消失。其他三趾变成钩状的小爪。

喙嘴龙的后肢又小又弱，它们与身体也以皮膜相连。

左下喙嘴龙、右上翼手龙（双形齿龙）

喙嘴龙主要生活在侏罗纪。到侏罗纪晚期，出现了另一类翼龙——翼手龙，这类飞龙的个体较大，特别是它们的翅膀，有的变得很大，成为地道的大型“飞鸟”。

翼手龙的脑袋很大，牙齿全部退化，嘴巴变成了鸟一样的喙嘴，身体仍然很小，而尾巴也退化消失了。

目前，最大的翼手龙，发现在美国得克萨斯州。1971 年到 1975 年间，人们在一个大湾公园的白垩纪晚期的地层中，发现了三具巨大的翼手龙骨架。

这种翼手龙的飞翼巨大，张开后，翼展达 15. 5 米，几乎像一架中小型飞机的翼展！这种飞龙头骨长 1 米，嘴里也没有牙齿。由于发现化石的地点距离当时的海岸有 400 千米，因此，它们似乎不是生活在海边，有人推测它们以吃腐肉为生。

我国发现的有名的翼龙，是准噶尔翼龙，它是 1963 年在新疆准噶尔盆地被发现的。后来，科学家又找到了近 30 个个体的翼龙化石，其中有 3 个保存得极为完整。

准噶尔翼龙生活在白垩纪早期，所以它是一种处于进化中间型的翼龙。它的头很大，头骨狭长，头顶有发育的冠状脊。眼眶特别大，说明视力非常好，鸟一样的大尖嘴里面仍长着锥形的牙齿，但数目已减少，而且前面的牙齿已消失。

准噶尔翼龙的两翼展开可达 2.5 米，身后还留有一条小尾巴。在一亿多年前，准噶尔盆地还是一个巨大的淡水湖，附近植物茂盛，生活着众多的淡水动物，其中有鳄鱼、恐龙、龟鳖。准噶尔翼龙就在湖上盘旋，寻找鱼虾的影踪。

今天，这里已经是一片无垠的戈壁沙漠，昔日生机盎然的景象，只有从这些远古动物的骨骸中，才能想象出来了。

翼龙之谜种种

爬行动物是一种智力低、行动迟缓、新陈代谢率低的动物。但是,从翼龙的生理特征来看,正好与这些特点相反。所以,为什么翼龙像鸟类而不像爬行类,这个问题让古生物学家伤透了脑筋。

大部分恐龙的大脑都很小,但翼龙的大脑却很大。它的大脑很像今天鸟类的大脑。由于复杂的飞翔的需要,鸟类具有发达的大脑。1888 年,一位古生物学家从一具完整的翼龙化石,复原出它的大脑模型,这个模型非常像鸟和哺乳动物的大脑。因此,基本可以肯定,翼龙具有鸟类一样发达的神经系统。它不但视力极为敏锐,可能还有区分颜色的本领呢!

爬行动物被认为是冷血动物,但有许多恐龙,如果不用热血来解释,它的许多生理机能就说不通,翼龙也是这样。

飞翔是一种能量消耗很大的运动,低水平的新陈代谢不可能维持剧烈的飞行。以前,人们说翼龙主要靠滑翔飞行,所以不需要很高的代谢率。

但是研究证明,翼龙和鸟类一样,是非常灵巧的飞行家,而不单单是靠滑翔。翼龙同样需要大量氧气,来提供飞翔所需的能量。它的骨骼又空又轻充满了空气,想必它的肺和其他充气构造也与鸟类的相似。

爬行类一般是三个心室,它们的心脏里含氧的动脉血常被缺氧的静脉血冲淡,因此它们的新陈代谢不能释放出很高的能量。但是,现代的鳄鱼却长有分隔不全的四个心室，所以，古生物学家们推测，一些热血恐龙与翼龙，至少也应该具有鳄鱼这种四心室的心脏，把动脉血和静脉血分开。

这样，基本上可以肯定，翼龙是热血的爬行动物！

既然翼龙是热血动物，那它也应该和鸟类、哺乳类一样，有毛发来保护体温。很早以前，有人发现翼手龙化石上，有一簇簇毛发的印痕，但是，通常认为爬行动物只长鳞片，以致这种毛发印痕在当时并没有引起重视。

1908 年，一位德国古生物学家发现在翼龙化石的皮肤印痕上，有不规则的斑点，因此认为这是毛发的证据。但是，有人却说，这种斑点不过是岩石的斑点，而不是皮肤上的印痕。1927 年，另一位德国古生物学家把蝙蝠的皮肤与这块化石的皮肤进行比较后，认为这种印痕的确是粗长毛发的遗迹。可是，这一看法在当时也没有引起重视。

直到 1970 年，一位苏联古生物学家在哈萨克斯坦发现了一件非常完整的翼龙化石，其中保留了它的皮肤和软组织的印痕，化石非常清楚地显示出这只翼龙完整的翅膀皮膜以及皮肤印痕。这只翼龙全身长有又细又长的毛发，而且像羊毛一样弯曲，它的前肢趾和后肢趾间的毛发比较短，但仍然十分明显可见。

这样，翼龙是热血动物，已被实物证实。而以前被认为是用作倒挂身体的爪子，现在也被解释成梳理毛发的工具了。

翼龙是智力发达的动物，又是热血动物，那它们是怎样繁殖后代的呢？

爬行动物产卵后，就让蛋自行孵化，幼仔孵出后，大部分也任其自生自灭，翼龙是否也是如此？

有种说法是，翼龙是卵胎生的。但是，雌性翼龙的骨盆很小，生不出很大的幼仔。同时，为了飞行，就必须减轻体重，像鸟类总是把卵产在体外。翼龙也是这样。

还有种说法是，翼龙是孵化的，就像今天的鸟类一样，它们也会照料幼仔，并且在小翼龙长大后训练它们飞翔。有人甚至认为，翼龙具有以家庭为单位的社会结构，以群居方式生活，就像现在的蝙蝠一样。在英国剑桥海绿石沙地层,曾发现过成千上万的小翼龙骨片,很像在一起生活时,被意外的灾害埋葬的。

今天,我们才弄清楚,翼龙是最不像爬行动物的爬行动物,它们的生理水平和飞翔能力不比鸟类差。但是,它们最后也像恐龙一样,统统从地球上消失了。它们的灭绝,仍然和它们的出现一样,是一个千古之谜。

海洋的骄子——鱼龙

鱼龙是返回海洋生活的爬行动物，它们的身体结构已几乎变得像鱼一样，就像今天哺乳动物中的鲸和海豚。

鱼龙在三叠纪中期已经在海洋中漫游了，由于没有发现化石证据，人们不知道它是怎样从陆地返回海洋的。

鱼龙的体形已完全成为鱼形，纺锤状，长着肉质的偶鳍和背鳍，还有

鱼　龙

一个大尾鳍。它的颈部已消失，长长的头部与身体连成一条线，到肩部的地方身体扩大，然后又向尾部缩小。一般鱼龙长 2 米左右，大的可达到 20 米。

鱼龙的头又尖又长，嘴巴里长满了又大又尖的牙齿，最多可达 200 个。它的眼睛很大，视力很好；它的听骨很大，说明听觉也很好。

鱼龙不但身体像鱼一样，生活习性也像鱼，它们以鱼类、蚌壳为食。在它们的胃里，还发现过圆圆的石头，这些石头是它们用来磨碎食物的“胃石”。

鱼龙的外形都差不多，但细细研究，还是可以分出许多不同的种类。

混鱼龙是三叠纪中期的一种鱼龙，它的个体很小，只有 1 米来长，头很长，脖子短，活像今天的海豚。它的四肢已变成游泳的鳍脚，尾鳍长而低矮，背上有一个小小的背鳍。它的牙齿不像典型鱼龙成排地长在齿槽里，而是孤零零的一个个地长在牙窝里。

我国贵州发现的一种鱼龙，就属于混鱼龙，它的名字叫茅台混鱼龙。

1965 年在安徽省巢县龟山，人们从采石场的岩石上采到一块完整的小鱼龙化石，不到 1 米长。它有一个三角形的头和又尖又长的吻部，前面牙齿尖，后面牙齿扁圆，专门吃海底软体动物。这只鱼龙生活在三叠纪早期，是世界上发现得最早的鱼龙，被命名为龟山巢湖龙。

70 年代，我国科学家在西藏喜马拉雅山脉珠穆朗玛峰地区海拔 4800 米的地方，发现一块巨大的鱼龙化石，这只鱼龙身长 10 米，呈流线型。四肢变成桨状，适于快速游泳。头尖嘴长，里面长满了扁锥状的牙齿。头的两侧有一对大眼睛，鱼雷形的身体，与海豚和鲨鱼很相像。

这块鱼龙化石的发现，可以让我们想象到在三叠纪晚期，世界屋脊的喜马拉雅山脉，还是一片浩渺的大海。万顷碧波上，一群群喜马拉雅鱼龙在翻腾、嬉戏，激起滔滔白浪。

由于鱼龙彻底变成了水生动物，它的繁殖方式也引起了人们的注意。因为，它不可能再回到岸上，在沙土中产卵。

凑巧的是，在德国霍耳茨马登附近，人们发现了许多鱼龙化石，一些雌鱼龙腹中还有尚未降生的小鱼龙。其中一个标本，一只小鱼龙的头位于骨盆口上，正好处在这只小鱼龙即将降生的时刻！所以，我们知道，鱼龙是卵胎生的动物，它们把卵在体内孵化，等小鱼龙发育成熟后，才离开母体。

海陆两栖的蛇颈龙

蛇颈龙是一种海陆两栖的爬行类，它的模样就像一条蛇贯穿在一只乌龟的身体里，它的生活方式很像今天的鳍脚类的动物，如海豹、海狮和海象等。

早期的蛇颈龙，是生活在三叠纪的幻龙。它是个头中等大小的动物，头小而扁平，嘴巴长有利齿，头颈很长，能向左右摆动和向前伸出。它的身体宽扁，四肢很长，脚是短短的鳍足，不但可以在水中划水，还可以爬上陆地。

幻龙生活在海边，主要以捕鱼为生。

到侏罗纪和白垩纪，蛇颈龙取代了幻龙，大大发展起来，并分布到全世界。蛇颈龙的样子跟幻龙差不多，但个头要大得多，鳍足也大大增大，上下颌骨也有改进，是更灵活的捕鱼者。

根据蛇颈龙头颈的长短，可以分为两种。一种是长蛇颈龙，另一种是短蛇颈龙。

长蛇颈龙的脖子极度伸长，活像条蛇，而身体由肋骨条向两侧展开，变得宽扁，相对较短。它的鳍足犹如很大的船的船桨，能在水中前后倒退自如，并随意转动身体。

侏罗纪的长蛇颈龙身长有 3 ～ 6 米，而白垩纪的一些个体，可以达到 12 米！其中有名的是一种薄片龙，脖子长到令人吃惊的地步，头和颈约占体长的一半，有 70 多个颈椎！

蛇　颈　龙

短蛇颈龙的脖子较短，但头骨却异常大，这是由于它的嘴大大伸长的结果。发现在澳大利亚白垩纪地层中的一种克柔龙，头骨竟长到 3.7 米，嘴巴里上下交错长满了钉子般的牙齿，大而尖利，这种短蛇颈龙最长有 15 米。

蛇颈龙在中生代的海洋里，也称得上一霸，它们不仅吃鱼，还吃其他海栖爬行类的幼仔。它们的分布也很广，全世界的海洋、湖泊里都有它们的踪迹。我国四川也发现过它们的化石，叫威远中国龙。

在中生代的海滩上，一群群的蛇颈龙在晒太阳，它们用四条桨一样的鳍足迅速地爬来爬去，蛇一样的长颈来回晃动，注视着海上和陆地上的动静。远处的海面上，露着一个个小脑袋。它们不时潜入水下追逐鱼类，快速地游动在海面上激起阵阵浪花。突然，它们好像发现了什么情况，海滩上晒着太阳的蛇颈龙呼啦一下纷纷向海里爬去，那蹒跚的步子，活像一只只大海龟……

一场空前浩劫
——恐龙的大灭绝

恐龙从三叠纪开始，到白垩纪末，在地球上横行了一亿多年。在中生代这个恐龙时代中，它们是不可一世的霸王。

随着中生代的结束，这些巨大的恐龙以及海洋中的鱼龙、蛇颈龙，天上的翼龙，还有一些无脊椎动物，如菊石、有孔虫等，统统没有能过渡到新生代。

新生代，就像一扇大铁门，它除了放过极少数的爬行动物，如龟、鳄、蛇、蜥蜴外，把绝大多数的爬行类拒之门外。古生物学家称之为突然而且带有戏剧性的事件。

恐龙为什么会灭绝？这个问题成了古生物学家们竭力探索的问题，也成为生物演化最有趣的一个问题。

按理说，像鳄、蜥蜴和龟类能生存下来，一些个体不大、生活习性与它们类似的龙和恐龙，也应能生存下来，特别像鱼龙和蛇颈龙，它们的生活环境不会像陆地上变化那么大，更应有条件生存下来。但是，它们都灭绝了，这一生物学上的悬案，至今还未圆满解决，古生物学家们对这个问题，做了种种解释，粗分起来有地外派和地内派两种，细分起来就多了。但是，这些解释都不能把问题说透。下面我们来介绍一下，有关恐龙灭绝的解释。

一种说法是：气候环境使恐龙灭绝。

中生代的地球，气候环境是一个稳定期。地球上没有很高的山脉，分布着大片平原、河谷，数不清的湖泊、沼泽。由于气候温暖、湿润，四季不明显，植物非常茂盛，到处是茂密的热带、亚热带森林，其中主要有高大的银杏、蕨类植物、苏铁植物以及常绿的松柏。这样的环境气候，对爬行动物来说，确实是一个天然的乐园。

但是大约从白垩纪中期开始，地球上的环境气候发生了变化，稳定了很长时间的地壳，又开始活动了。大陆漂移，海平面下降，一些地区的地壳开始隆起，不断有火山喷发。今天世界上的一些大山脉，如喜马拉雅山和阿尔卑斯山，就是那时开始慢慢升起的。

这一时期，地球两极开始变冷，慢慢出现了四季分明的气候，这样，许许多多喜暖的热带植物开始死亡，更为进步的被子植物开始出现。

由于植物群落的衰落，大片含鞣酸的裸子植物死亡，使吃植物的恐龙产生了粮荒。它们不能吃被子植物那种很硬的叶子、有毒的生物碱，许多恐龙可能因此而灭绝。素食性恐龙的减少，使肉食性恐龙也大大减少。由于气候变化，地球温度降低，大批冷血的爬行动物生活更加艰难，它们产下的卵，也因温度不够而不能孵化，许多恐龙也就因为这样而断子绝孙了。

这种说法有一定的道理，中生代末地理、气候的变迁，对爬行动物来说是一场灾难。但是，它不应该是使恐龙全部灭绝的唯一原因。因为和恐龙一起生活，而且习性相似的龟、蛇、鳄、蜥蜴等爬行动物却没有同时灭绝，它们适应了这种变化而生存下来。地球上的环境气候的变化，实际上从白垩纪中期就开始了，这时候，恐龙仍在地球上方兴未艾地生活。动物于环境的适应，还是很灵敏的，恐龙中总有些种类应该会像鳄、龟那样顺应环境而生活下来，可是恐龙家族却没有留下一个成员。可见，单说环境变化使恐龙灭绝，不能完全令人信服。

一种说法是：与哺乳动物竞争失败而灭绝。

哺乳类是比爬行类更高等的动物，哺乳类有完善的新陈代谢机能，有保持和调节体温的毛发、脂肪和汗腺，它们大脑大，智力发达，高级神经活动水平很高；它们牙齿分化完善，有门齿、犬齿和臼齿，取食器官大有改进；它们以胎生和哺乳繁殖哺育后代，还有养育幼仔的能力，大大提高子代成活率。这些特征使爬行动物明显处于劣势，在生存竞争中不是哺乳类动物的对手，所以，恐龙无法和哺乳动物争夺天下而告灭亡。

这种说法似乎很有道理，但是，应当提出的是，哺乳动物的大发展是在恐龙灭绝之后。哺乳动物很早就在地球上出现了，一些早期的哺乳动物和恐龙一起生活过上亿年，一直处于被压制的地位，没有发展机会。当恐龙灭绝以后，哺乳动物的天敌没有了，它们才大大发展起来，所以说恐龙是被哺乳类排斥的说法是不存在的。

一种说法是：天外来客杀死了恐龙。

这种说法是近些年流行的说法，认为在中生代末期，有一颗小行星撞击了地球，使恐龙像庞贝古城里的居民一样痛苦地死去。

这种说法被称为“贝克莱理论”，是1979年由一些美国地质学家提出的。这些学者们说，在6500万年前，有一颗直径约10千米、重量约127000亿吨的小行星与地球相撞，产生了巨大的爆炸，威力相当于100个最大能量的氢弹爆炸。这一爆炸，把大量的尘土掀入大气层，密集的尘埃遮住了太阳达3个月，白天和黑夜一样，植物死亡了，爬行动物因此而大量死亡，恐龙在这一打击下，遭到了灭顶之灾而灭绝。

他们的这一理论的理由是什么呢？

原来这些地质学家们发现，在世界上许多地方，如意大利、西班牙、丹麦、新西兰等，在白垩纪和第三纪地层的交界处土层中，发现有大量的铱，比正常标准高出了30倍。

铱在地球上含量很低，但在外星球上含量很高。因此，在全世界许多地方同时发现某个时期富集大量铱，这无疑是陨星撞击的证据。

科学家们还计算了这样一次陨星撞击的结果。一个直径10千米的陨星与地球相撞后会产生 10^{23} 焦耳①的热量。陨星进入地球大气时，在空气中冲出一个大空洞，这个大空洞形成的气流把爆炸时产生的气态物质抛到地球的同温层上去。这些气态物质，是陨星本身重量的 10 ～ 100 倍。

陨星撞击地球后，地球的温度在短时间里升高，但是由于大片浓厚的尘埃挡住了太阳，地球表面温度终于又下降了。撞击的热量，在空气中产生大量的氧化氮，它不仅把空气中的臭氧消耗干净，而且产生的氧化氮占空气的10%，达到了极为有害的程度。它变成酸雨，落到地球表面和海洋里，可以将陆地浅表内和海洋浅层的生物的钙质骨骼溶化掉。

专家们还发现，在白垩纪末的石灰岩地层中，以前大量可见的软体动物，如珊瑚、菊石以及原生动物中的有孔虫等，在这段时间的沉积中就找不到，我国的桂林石灰岩中就发现有这种现象。

用这种理论来解释恐龙灭绝，当然也有一定根据，这样大的陨星撞击地球，虽然没有直接杀死恐龙，但它可以暂时打乱地球上的生态平衡和生物的食物链，引起生物大规模灭绝，使爬行动物世界经历一场浩劫。

然而持异议的科学家们提出了疑问：地层中的铱会不会通过流水富集起来？怎么知道几千万年前的铱，就是在 3 个月中堆积起来的？恐龙的灭绝，从化石上看，是长时间的缓慢过程，怎么就在短短几个月内全部死光？即使是小行星杀死了恐龙，为什么哺乳动物和其他一些爬行动物没有被杀死？因此，关于这一理论的争议仍然很大。

这种说法属于地外学派。此外，属于地外学派的还有超新星爆炸、太阳黑子爆发等。

一种说法是：孵化温度不够使恐龙灭绝。

最近，英国古生物学家 M.弗格逊根据实验，提出恐龙灭绝是由于孵化温度不够。

弗格逊在实验室用 500 只鳄鱼卵进行孵化试验。他发现，在 26 ～ 30℃

①焦耳：功和能量的单位。

温度下，孵出来的小鳄鱼都是雄性，而在 34 ～ 36℃温度下，孵出来的小鳄鱼全是雌性。所以，鳄鱼性别是由孵化温度决定的，而不是由受精卵决定的。

这一试验说明，某些爬行动物的性别，是由温度决定的，因此，弗格逊推测，恐龙的性别很可能也由温度决定。由于中生代末，气候变坏，温度下降，恐龙蛋的孵化由于温度不够，孵出的恐龙性别全部是雄性，使恐龙无法传宗接代而灭绝。

一种说法是：恐龙蛋壳变薄使恐龙灭绝。

一位专门研究恐龙蛋的专家波恩大学厄尔本博士发现，白垩纪恐龙蛋壳变得很薄，这可能是导致恐龙灭绝的原因。

厄尔本博士在法国比利牛斯山脉工作，在一个连续的层位中，测量了成千上万片恐龙蛋片。他发现，在较早的地层中，恐龙蛋壳都比较厚，超过了 2.5 毫米，但是，地层越新，向上发现的蛋壳就越薄，而且许多没有破的蛋片是没有孵化的蛋。

今天，环境恶化、天气寒冷、食物污染，会使鸟类的蛋壳变薄，而不能孵出雏鸟，恐龙是否也遇到了什么不幸，使内分泌失调，产不出外壳足够厚的蛋了？

还有一些五花八门的其他理论。

恐龙灭绝的理论，除了上面几种外，五花八门的还有十来种，它们不是过分强调外界因素，就是专从恐龙身上来找答案。如：

有人说，恐龙长得这么大，大概得了疯长的毛病，寿命不长，很快就死光了。

有人说，恐龙可能得了传染病，一传十，十传百，很快就传遍了整个恐龙世界而引起了灭绝。

有人说，不断发展的哺乳动物，经常偷吃恐龙蛋，使得恐龙断了后代。

有人说，恐龙太大，后来气候变化，无法冬眠，都给冻死了。

有人说，当时火山喷发多，空气中放射性物质增加，打乱了恐龙的遗传密码而使恐龙断子绝孙。最近美国宾夕法尼亚大学的基斯博士提出，火山灰中的氟元素破坏了臭氧层，进入大气层的太阳紫外线大大增加，导致恐龙灭亡。而有皮毛、洞穴保护的小动物，得以生存下来。

有人说，当时宇宙射线大量进入地球，杀死了恐龙……

恐龙到底是怎样灭绝的，我们在这里也不好下结论，这个问题还要更多的发现、更好的研究才能解决。

但是，我们可以这样说，恐龙经历了一亿多年的发生、发展过程（我们人类只有 300 万年的历史），最后走向灭绝并不是不可思议的事情。陶渊明诗说"有生必有死"，不仅对一个生物个体来说是这样，对一类动物来说，也是这样。

恐龙世界的珍品
——恐龙蛋、脚印和木乃伊

我们对于恐龙的了解，主要根据它们的遗体化石（骨骼、牙齿、鳞甲以及后面要谈的干尸），其次则是根据它们的遗物化石（蛋）和遗迹化石（脚印）。

恐龙蛋

1869年一位古生物学家在法国南部，发现了一些白垩纪的蜥脚类动物化石，同时还发现了一些破碎的蛋壳化石。他在研究了这些化石之后，推测蛋壳化石很可能是恐龙的蛋片。可是，其他人看了后，都不发表意见，因为谁也不知道恐龙蛋是什么样子。

1922年一支美国考察队在蒙古国的沙巴拉克，发现了一些蛋壳，这些蛋壳引起了他们的注意。后来，他们又找到了成窝的蛋化石，每窝十几个，这些蛋是椭圆形的，长105毫米，最大直径50毫米，壳厚大约1毫米。蛋壳上可以看到高低不平的瘤状构造，并有气孔内外相通。这是什么蛋呢？由于在产蛋的地质层位中，发现过原角龙的化石，它们很可能是恐龙蛋！果然，不久在蛋化石中还找到了尚未孵出的小恐龙胚胎。

恐龙蛋的发现成了一大奇闻，轰动了世界。世界各地博物馆都想得到这一珍品，有的还不惜花重金购买。

现在知道的最古老的恐龙蛋化石发现于美国科罗拉多州，这个恐龙蛋可能距今有1.45亿年了。一个完整的恐龙蛋长20厘米，宽9厘米。

我们对鸡蛋、鸭蛋是很熟悉的，它们是我们的日常食品。恐龙也是通过下蛋繁殖后代，但是它们的蛋与鸡蛋、鸭蛋有些不一样。

恐龙蛋已成化石，蛋黄和蛋白在石化过程中已被分解，里面填充了渗透进去的矿物质，成为了“石蛋”。有的则在地层中，被压成碎片。恐龙的蛋不像鸟蛋那样大小相差很大，也不像龟、蛇、蜥蜴的蛋那样细小。恐龙蛋个体较大，大小差不多。

恐龙蛋的形状很多样，有卵圆形的、椭圆形的、圆球形的、扁圆形的、橄榄形的，甚至还有像玉米棒子的形状。

恐龙蛋在蛋窝中的排列，也不像鸟类和其他爬行动物显得奇异多姿。不同的恐龙产蛋方式也不同，有的蛋下得围成圆圈，呈放射状排列，上下重叠两层或三层；有的蛋下得成排交错相嵌；有的蛋看起来排列没有规则。

恐龙蛋壳的表面也很特别，有的有棱状的纹饰，有的呈瘤状小突起，有的有像鸡皮疙瘩一样的突起。

恐龙蛋壳一般都很厚，可以达2毫米，最厚的有7毫米。所以，世界上最厚的蛋壳就是恐龙蛋的。

恐龙蛋壳的结构，也比鸟类和其他爬行类复杂，有的与鸟类蛋壳相似，分布着一些气孔构造，叫鸟蛋型蛋壳；有的整个蛋壳是一层均匀的钙化层，气孔密集分布，像个蜂窝，所以叫蜂窝型蛋壳。

恐龙到底是怎样生蛋的？它们怎么会把蛋产成一个圆圈？这样到底有什么好处？

我国古生物学家根据对我国山东莱阳，以及广东南雄发现的恐龙蛋的研究，向我们描述了恐龙生蛋的情形：

在恐龙产蛋的季节，一群群恐龙在交配后，母恐龙就开始选择产卵的地方。这种地方一般向阳干燥，地势比较高。它们先扒起一堆土，然后转着圈生。生完一圈后，就往上盖一层薄土，这样生到第三圈为止不再生了，这就是一窝蛋。当中的一堆土，可以使生下来的蛋，以 40°的斜角落在土堆上，以免碰碎。

蛋呈放射状倾斜排列，也可以最大限度地吸收阳光。而莱阳恐龙蛋却不规则，这种恐龙也许像今天的鳄鱼和龟一样下蛋，对蛋的孵化要求也不高。

恐龙一窝下几个蛋，也没有固定的数目。

我国发现的恐龙蛋，在类型、数量、分布上，在世界上是首屈一指的。它们分布在广东、山东、江西、湖南、内蒙古、新疆、安徽等 10 个省区，至少发现了几十个蛋窝，几千个较完整的蛋化石，以及无数的蛋壳碎片。

恐龙脚印

恐龙的足迹，被誉为“历史的脚印”，它是记录恐龙活动的特写镜头，它们像恐龙蛋一样，是难得的珍品。

在我国古代有很多发现恐龙脚印的故事。根据传说，我国周人的祖先姜嫄，曾经踏过“巨人”足迹的大脚印，这足迹很可能就是恐龙的脚印化石。在国外，《圣经》上说的诺亚的渡鸟留下的脚印，也应当是恐龙的脚印。

1802 年，一个美国孩子在家乡康涅狄格河谷附近，发现一批奇怪的足迹。这些足迹看上去像是鸟的脚印，当时有人就说，这可能是鸵鸟的脚印。

这一发现，后来被一位地质学家知道了，他专程前往发现足迹的地点，把发现的足迹化石都收集起来，并进行了研究。1863 年，这位地质学家出版了一本书，专门描述这些足迹。可是，他并没有正确地认出这些足迹的主人，而把它们看作是鸟的脚印。这并不奇怪，因为当时那里还没有发现恐龙，人们自然不会想到，这是恐龙的脚印。

自从 1822 年曼特尔发现禽龙之后，特别是 1861 年，人们发现了最古老的鸟化石——始祖鸟。因此，人们想到，康涅狄格河谷附近的足迹，是在三叠纪的地层里，不可能是鸟的足迹，因为那时还没有鸟类呢！

100 多年之后，经过许多科学家的研究，这些足迹才被搞清楚。原来，它们是食肉的虚骨龙类的脚印。

动物和人，一辈子要走很多很多的路，但是，要把走路的脚印留下来，真是太难了。有人算过，一匹马四条腿，一天走的路有 24000 个脚印，恐龙走的路也许没有那么多，但至少也有 6000 个脚印。

动物生前大部分的脚印，都留不下来，即使有，也很快被破坏了，因此，保留足迹的机会实在是太偶然了。首先，动物踩的地面，不能太硬，也不能太烂，只有软硬干湿适当时，才会留下清晰的足迹。如果你有试过在海滩或河湖边走路，一定会有这种体会。

即使在泥地上留下了脚印，还要适时地被外来的沉积物覆盖，才能使脚印保存下来，并且不受外界自然力或动物的破坏。这样，"历史的足迹"才有可能成为化石。

恐龙的脚印有什么用呢？我们知道侦探小说中常常提到，从人的足迹可以推算一个人的高度、重量甚至生活习惯等。恐龙的脚印也能有这样的作用。

从恐龙足印的深浅，我们可以大致推测出这种恐龙是否很大、很重；从足印的大小，可以推测它的身材个头；从足印的间距，可以知道它每一步的大小；从足迹上是爪还是蹄，可以知道它是吃肉还是吃植物。还有，从脚印也可以了解恐龙脚的构造和行走方式——是四条腿还是两条腿走路，是用脚掌还是用脚趾走路；从有没有蹼知道它会不会游泳；脚印的多少，又可以知道这种恐龙是单独活动，还是成群来去。所以，恐龙脚印实在是了解恐龙世界的一面镜子。

人们从康涅狄格河谷的脚印，了解到当时那里恐龙的生活情形。当时这里是平坦的湖滨，有一群群大大小小的恐龙生活在这里，有的在漫步，有的来回寻找食物，有的在急步奔跑，俨然是一个恐龙的乐园。

说到这里，你或许会奇怪，怎样知道恐龙在急步奔跑呢？也就是说，怎样知道它们奔跑的速度呢？这是人们经过研究，从动物的跨步长度和速度之间的定量关系推算得出的。1976年,英国科学家亚历山大研究了动物跨步长度和速度之间的关系以后,得出了一个推算公式。1980年,加拿大科学家库尔将这个公式改进为:

$$恐龙奔跑速度=\frac{步长\times 1.4}{臀部离地的高度}-0.27$$

用这个公式很快就可以算出恐龙的奔跑速度。20世纪80年代,我国古生物学家在研究云南晋宁地区的恐龙脚印的时候,就利用了这个公式,计算出两组恐龙奔跑的速度,一组每小时7.2千米,另一组每小时9.6千米。由此可见,恐龙足印的用处还不少哩!

另外,遗体化石经过搬运,就弄不清它是否原生。可是足印化石如果经过搬运,足迹就会随着消失,所以足迹化石都是原生的。这对鉴定地层和寻觅遗体化石都有好处。

1954年,我国一支考察队在辽宁朝阳县羊山镇大四家子西沟采集足迹化石。这里的恐龙足迹早就被人注意,当地老乡不认识,称之为“鸡爪石”,因为大部分足迹类似鸡爪,有3个趾爪。

这里的恐龙脚印分布很广,足有3千米的范围,有的地方脚印还很多,而且十分清晰。有趣的是,这里的足迹大小形状相似,大概是同一种恐龙留下的。足迹平均长9厘米,最宽处长6厘米,足尖朝着东方,只有少数向着其他地方,但这些足迹没走多远,又转向东方了。

从一行足迹来看,一、三、五和二、四、六相同,说明这是两足行走的恐龙,两足迹的间距为40厘米。由于众多足迹的大小不一致,可以肯定的是这是相当大的一个恐龙群。它们集体向东行走,可能是去找水喝。

从这里我们可以肯定,某些恐龙也像哺乳动物的一些种类,是群居生活的,是一种社会性动物。

另外,在陕西神木东山崖,发现有生活在一亿几千万年前的禽龙化石脚印,保存得很好。

在陕西铜川和四川岳池县,也找到了恐龙脚印。铜川的是一种小型虚骨龙类的脚印，有3个趾，很像鸟脚趾。岳池的比较大，叫嘉陵脚印，是鸟脚类恐龙的脚印，估计它身长3～4米，两足行走。

最有趣的是1938年，一位美国古生物学家伯德在美国得克萨斯州的格伦罗斯发现的恐龙脚印。恐龙脚印是留在白垩纪的石板上，当地一条河的流水把覆在上面的岩石冲掉，露出了恐龙的大批脚印。

伯德从脚印中发现有雷龙的脚印，这种脚印竟有95厘米长，这是一只巨大的蜥脚类恐龙。伯德在这些脚印的后面又发现了几个特大的三趾恐龙足迹，这是一种巨大的食肉龙，它的脚印紧紧跟着雷龙！伯德由此描绘了一场发生在白垩纪时期的生死搏斗的场面，这只巨大的食肉龙在跟上雷龙并发动猛烈的攻击，那是一场怎样惊心动魄的搏斗！这头食肉龙到底如何制服像一座大楼那么高的雷龙，只有让大家自己去想象了。

在我国发现恐龙化石脚印的地方，还有江苏、湖南、广东、云南、西藏、内蒙古等地区，在国外，日本、泰国、朝鲜、南非、巴西也都发现过恐龙脚印，可见恐龙分布之广了。

恐龙木乃伊

如果说恐龙蛋和恐龙脚印保存下来不容易，那么恐龙的皮肉保存下来，真是更加稀罕了。但是，世界上确实发现过恐龙的干尸，它是珍品中的珍品。

在中生代，北美洲曾经是恐龙的乐园，那里生活过大量的恐龙类群，因此，保留下来的恐龙遗骸、遗迹也比较多，其中引人注目的是发现了不少恐龙的干尸——“木乃伊”。

在这些恐龙木乃伊中，比较有名的是，1908年在堪萨斯州发现的一件标本。这是一具鸭嘴龙的干尸，它的遗骸被发现时，是双腿向上的仰卧姿势，看起来死亡的时候是非常痛苦的。

从遗体保存的情况来看，保存得相当完整，没有被食肉类啃咬的痕迹，说明它是自然死亡的，不是生了病，就是遇到了什么意外事件。这只恐龙在死亡后,在很长时间里曝晒在太阳下,尸体发生了脱水作用,使皮肤和肌肉皱缩干燥,活像是埃及金字塔里搬出来的木乃伊——法老的尸骸,露着嶙嶙的肋骨和肢骨。

这具恐龙尸体在变成木乃伊后不久,又很快被埋葬起来,沙子和泥土把这具尸体很好地保护起来,并且在岩石上留下了清晰的印痕。

这具恐龙木乃伊告诉了我们极为珍贵的事实,它把本来化石保存不下来的软组织,也完整地保留了下来,使我们了解到这些恐龙的真实外貌。

从鸭嘴龙的这具木乃伊我们知道在鸭嘴龙的皮肤表面,并不是披有鳞片式角质骨板,而是一个个的角质突起。这种突起,在身体不同部位,它们的大小也不同。它们在背部和腿部较大,腹部较小,可能这种突起也反映了它们活着时的皮肤颜色,背部颜色深,腹部颜色浅。

鸭嘴龙的鸭状喙嘴,活着时还包着一层骨质喙套。它们的脚上、趾间长着皮质的蹼,很像鸭子和鹅的脚。所以,有人说鸭嘴龙常常生活在水里。

从其他的鸭嘴龙木乃伊的胃里,人们也发现了残留的食物,主要有大量的松柏类的针叶,其他还有嫩枝树叶和果实。所以,有人说鸭嘴龙是吃树叶为生,而不是吃水生的软体动物。

一窝小鸭嘴龙

人们曾经发现过已经孵出胚胎的恐龙蛋,这一发现成了恐龙世界的珍闻。然而,更使人惊讶的还在后头。1978 年,美国科学家在蒙大拿城发现了一窝刚孵化不久的小恐龙。

这些小恐龙是一窝鸭嘴龙,共有 15 只,它们死的时候,还挤在窝里,可能正在等待母亲取食回来,不幸遇到了突如其来的灾难。

这个恐龙窝是泥筑成的,形状像只碗,宽有 2 米、深 1 米,窝边是河滩边的泥浆,可见,这个窝当时是建在河滩上的。

死去的小鸭嘴龙,身长大约 1 米,估计孵出来才一到两个月,从已有磨损的牙齿来看,它们主要吃粗糙的植物或河底含沙的水生植物。它们挤在一起的现象表明它们是整窝活动的,每天回到窝里去休息。

科学家对这窝小恐龙的发现,提出了许多新的看法。他们认为,恐龙的生活习性很可能也具有母亲照料幼仔的习惯,白天由母恐龙带领子女寻找食物,晚上再带领它们回窝。甚至必要时,由父母寻找食物来喂养它们的子女。

这样一窝小恐龙的发现,在世界上也是第一次,它对我们破解恐龙世界之谜,又提供了极为珍贵的信息。

他们说:我们见到了恐龙

尽管恐龙在6500万年前已经灭绝了,但是,谜一样的恐龙世界给人类留下了无数的悬念。由于人类发现,我们这个地球还有许许多多未被了解的动物和植物,因此,有些人想,恐龙会不会留下了后代。

几个世纪以来,在世界各地不断有发现未知动物的报道,其中有许多目击者,认为他们看到的怪物就是恐龙。

恐龙世界是一个谜,恐龙灭绝是一个谜,恐龙有没有留下后代,又是一个谜!这个谜至今还困惑着人类!

下面我们介绍几桩目击类似恐龙的奇异动物的报道。

可怕的海怪

几个世纪以来，在海上旅行的旅客和海员常常说，他们看到海里生活着一种巨大的怪物。

1730年，一名挪威的传教士埃格特在乘船渡过格陵兰戴维斯海峡时，看见海里有一个可怕的动物。这个动物头颈极长，伸出海面几乎达到了船的桅杆的高度。它的头很小，有一张很尖的嘴，会像鲸一样喘气。它的身上长有很大的鳍，身上皮肤皱褶不平，看上去挺硬。下半身又像蛇，当它钻入水中时，身体向后弯曲，同时又将尾巴甩出水面。这个怪物身长足有一条船那么长。

1842年，一位船长佛利在驾船驶过挪威沿海时，在海中也看到一个巨型怪物，他在后来写道：

“水怪的头伸出水面有3英尺(约0.9米)高；形状像马的头，灰色；嘴很大，黑色。它的黑眼睛很大，白色的鬣毛挂到水面。在头和颈部，我们看到7到8个皱起的皮褶，很厚，估计每个褶皱有6英尺(约1.8米)长。”

更详细的一份目击海怪的报道，是由英国林奈学会发表的，发现在美国马萨诸塞州克劳斯特港口附近的一只海生怪兽。

那是1817年8月10日中午，一位名叫斯多利的美国人坐在海港的码头上，忽然看见大约140米以外的海面有一个奇怪的动物，它长着一个乌龟般的脑袋，脖子伸出海面25～30厘米，有时可以看出，它的身长有3～4米，粗细如人的身体。这个动物在一个半小时里，一直在附近游动，速度大约可达到每小时 48 千米。

一队考察者发现了可怕的海怪

这个发现引起了更多人的注意，有的目击者作了进一步补充，一位名叫艾伦的美国人说，这只怪物身体有 24 ～ 27 米长，头部为爬行动物特征，背上长有一系列像丘峰似的突起，露出水面 20 ～ 25 厘米。

这个动物对围观它的人和船，一点也不在乎，悠然自得地游泳，直到有人拿枪向它射击，它才沉下水去，不一会儿又在不远处露出头来。

这个动物有没有鳞片，有没有四肢，人们说不清楚，最后，这只怪物在 8 月 23 日，从附近海面消失了。

1848 年 8 月 6 日，一条名叫黛德拉斯号的船，也遇到了类似的海怪。船长和 6 名船员都目击了这个怪物。船长后来对人介绍说：

“这是一只巨大的怪物，头部和肩部有 4 英尺（约 1.2 米）总露在水面。头后部的直径有 15 ～ 16 英寸（约 45 ～ 48 厘米），形状很像一条蛇。在 20 分钟里，它一直处在我们视线里，不时沉到水里。它身体的颜色为暗褐色，喉部为黄白色，没有鳍，但有像马鬃一样的东西披在颈上，或者是一簇水草。它游泳的速度大约为每小时 12 ～ 15 英里（约 19 ～ 24 千米）。”

两个月后，报纸上刊登了根据船长的描绘绘制出来的怪物图片，当时一些动物学家们看了也众说纷纭，有人说是海狮，或是海豹，有人说可能是鲸或海豚。

还有一次目击海怪是在 1893 年 12 月，一条船在离西非海岸不远的大西洋中发现一只奇怪的动物。它长着蛇一样的脑袋和脖子，身体大约有 24 米长，皮肤上似乎有黏液，长着短短的鳍，嘴巴很大，里面长有很大的牙齿。这条船的大副详细记下这个动物的特征，说它很像大海鳗。

另一次重要发现是在 1905 年冬天，一条科学考察船在巴西东北海岸发现一种奇怪的动物。这条船上刚好有两名伦敦动物学会的博物学家，其中一位博物学家记下了目击这只动物的过程："我看见一个很大的鳍伸在水面上，颜色是很深的草棕色，边缘有点卷起，长约 9 英尺（约 2.7 米），露出水面约 18 英寸（约 5.4 厘米）到 2 英尺（约 0.6 米）。我可以看出，在水下鳍褶的后部，有一个相当大的身体。当我拿起望远镜，正好看到它鳍褶前，它抬起了它那巨大的头和脖子。它的脖子粗细与人的身体差不多，离开水面约 8 英尺（约 2.4 米），头和颈一样粗细，头很像龟头，眼睛可见，还能看到它嘴巴的线条。但一会儿，我们就看不见它了，它游得很慢，来回优雅地摆动着它的脖子。头和颈估计有 6 英尺（约 1.8 米）长，以一种古怪的方式扭动……"

以上这些目击和报道，大多被当作奇闻，有的还被看成是骗局。人们想象不出这是什么动物，以为是大海蛇、大海鳗，或是鲨鱼和鲸。

当恐龙这种巨大的爬行动物被人认识之后，人们有些诧异，这种海洋中的动物不是很像蛇颈龙吗？会不会有中生代的海洋爬行动物，至今还生活在海洋里呢？

神秘的尼斯湖怪

在英国苏格兰境内，有一个湖叫尼斯湖。这是苏格兰最深的湖泊，长 37 千米，宽 2.4 千米，最深处有 298 米。因为这个湖里发现了怪兽，而引起了全世界的注意，有人把这种湖怪叫作尼斯湖怪。

1802 年，有一个农民在湖边看见一只巨大的怪物在水里游泳，它用又短又粗的鳍划着水。

1880 年秋天，几只游艇在尼斯湖上荡桨，忽然湖面上掀起了一阵恶浪，一只游艇即刻被掀翻了。有人看到，湖面上有一只细长脖子、三角形脑袋的黑色怪兽，像只巨龙划过湖面破浪前进。

1933 年，有一对夫妇在尼斯湖边发现有一只巨大的怪物躺在湖堤上，见有人来，便侧身跃入水中。他们说，怪物的模样像是一只大青蛙。

第二年，一位当地居民也说见到了怪物，他们在湖中露出一个长头颈，约有两米长，上面长着一个小脑袋，一会儿就不见了……

1972 年，有一名退役军人热衷于寻找尼斯湖怪，他花了整整一年时间，每天用 20 个小时进行监视，终于在 10 月 21 日发现了尼斯湖怪的踪迹，并拍下了照片。这是一只长约 5 米的怪物，长着长长的小脑袋，露出水面的还有两个驼峰似的背脊。

1978 年 6 月 23 日清晨，一名在尼斯湖畔垂钓的游客赖特突然看见在离他 27 米处的水中露出了一个怪物的头。这只怪物浑身漆黑，身子好像一条翻倒的小船，脖子有 4 米长，上面长着一个三角形的小脑袋。

尼斯湖怪吸引了许许多多来这里观光和想寻找它的人，单是在近几十年中，亲眼目睹怪物的据说就有 3000 人次，他们描述的怪兽样子差不多相近，颈长、头小、有驼峰，身长 15 ～ 20 米，体色黑，游速快。

参加寻找怪兽的，有英、美、日等国的科学家，他们用先进的摄像机、水下录音机，监视尼斯湖怪的踪迹，尽管他们没有拍到它，但拍摄了一些很有价值的照片。

1972 年，他们拍到了一张巨大鳍脚的照片，长约 2 米，呈菱形。1975 年 6 月，照片拍到了一个动物的躯体，长着一个细长脖子，有两个鳍脚。从照片上估计，这只怪兽长 6.5 米，其中头颈长 2.1 ～ 3.7 米，从形状上看，确实像一只短蛇颈龙。

当然也有一些科学家持反对意见，他们是英国的一些博物学家，他们对尼斯湖怪的存在表示怀疑。

一位退休的英国电子工程师在《新科学家》杂志上写了一篇文章，他认为尼斯湖怪并不是动物，而是欧洲赤松。原来，在一万多年前，尼斯湖附近长着许多欧洲赤松，在当时冰期结束时，许多赤松沉入了湖底。湖底的巨大压力使松树的树脂排到表面形成了一层硬壳，而后由于高压，树干产生的气体跑不出来，于是以很快速度冲上水面。后来，树干在释放出一些气体后又沉入水底。在人看来，活像是蛇颈龙的头颈和身体。

但是，这种说法也并不能完全解释湖怪的秘密，直到今天，尼斯湖怪还是一个谜。

到处发现了湖怪

尼斯湖怪的谜还未搞清,从世界各地,都传来了发现湖怪的消息。

1969 年,有人在尼斯湖东南部的另一个湖——莫拉湖,看到一个湖怪,身体大约有 15 米长。

1978 年 9 月 3 日,一群日本人在九州岛最大的湖泊——池田湖游玩时,看到了一个湖怪。它浑身黑色,身上的两个驼峰间距约为 5 米。日本人估计这个怪兽身长 30 米,把它叫作"伊西"。

1978 年,在美国首都华盛顿东部,有人在切萨皮克湾海里看到一个怪兽。这个怪兽长约 10 米,圆背、长颈、小脑袋,人们称它为"切西"。

此外,在加拿大、苏联、印度尼西亚也发现了湖怪的踪迹。

在中国,也有人说他们看见了怪兽。

1976 年 8 月,中国科学院南京地质古生物研究所的一支考察队在藏北申扎县工作时,当地干部群众向他们介绍了文部湖怪兽的故事。

文部湖位于申扎县西面,骑马要 7 天才到,当地老乡都说湖中生活着一只巨大的怪兽,体大如房屋,眼睛像脸盆,有人叫它"大鱼",有人叫它"龙"。

一位医生向考察队介绍,有一次几名藏族干部路过文部湖,看见有只病牛躺在湖滩上,他们打算回来时把牛带回区里宰杀。但是,当他们回来后,牛已经不见了,湖边沙滩上留着明显的痕迹,好像这只牛被什么东西拖入了水中。

考察队开车走了 8 天，终于来到了文部湖边，他们虽然没有发现怪兽，但是惊奇地发现，这里气候温暖、湿润，好似沙漠中的绿洲、高山上的天池。他们看到，在世界屋脊上居然种活了两棵椰树，湖边居然种了 200 多亩麦子。在西藏那么高的海拔，这两项发现可以算是奇迹了。

考察队还发现，文部湖是地区陷落形成的断陷湖，湖水含盐量适中，鱼类丰富，对动物生长很有利。因此，他们想到，中生代这里还是一片大海，从地层中发现过鱼龙的化石，会不会世界屋脊在上升过程中，在像文部湖这样独特的环境里留下了尚未灭绝的爬行动物?

除了世界屋脊的文部湖发现过怪兽外，有人在长白山的天池里，也发现了奇怪的动物。

1980 年 8 月，一批来长白山体验生活的作家在长白山天池发现了极为奇怪的现象。

8 月 21 日上午，当他们登上天池观赏美丽的风景时，忽然发现湖中有动物在游动。由于距离较远，游动的动物看上去像是一个小黑点在湖里绕着圈，

在中国发现怪物

水波随着小黑点的游动向四面扩散。小黑点似乎还随着水波,不断地改变形状,一会儿呈三角形,一会儿又呈不规则梭形,足足游了半小时才消失。

过了不久,池中的怪物再次出现,有个东西在平静的湖面上划过,像一只快艇在后面激起了一条长长的划水线。人们不禁惊呼起来:“游得真快呀!”这次人们更加清楚地看出了这个怪物的形状,头是三角形的,身体似乎是梭形的。

当地气象站的同志也曾经看到过这种天池怪物,他们甚至带着枪在天池边等候怪物的出现。果然,有一次怪物从雾气腾腾的水面上露出了头,共有5只,伸出水面的部分有4米多高,身大如牛,头大如盆,浑身黑褐色,嘴巴像鸭子一样,肚皮发白,背部棕黑发亮。他们马上连发数枪,怪物立即潜入水中,只留下了阵阵涟漪。

1985年8月16日上午9点,一个搞摄影的个体户和十几个游客又看到了这一奇异景象。

从这只怪物游动的速度以及划开的波纹来看,这只动物应该是很大的,这究竟是什么动物?

长白山天池是一个火山口湖,所以它的水完全是天然的积水,由此淌出的水形成68米落差的瀑布,是松花江、图们江、鸭绿江三江之源。

天池的湖面海拔是2194米,是我国最高的火山口湖,平均水深204米,最深处373米,也是我国最深的湖泊。水面面积9.82平方千米。由于海拔高,气温低,每年只有六至九月这4个月解冻,其余都是大雪封山,冰厚达1米多。

天池里,植物和浮游生物也极少,湖底打捞上来过一些水草。也有人放过鱼苗,但是因为水温太低而死光了。那么这个怪物到底是什么?它到底怎样生活?会不会是恐龙后代?这些仍然是待解之谜。

太平洋里的怪兽

1977年4月25日，日本大洋渔业公司的一艘叫“瑞洋丸”的拖网渔船，在新西兰克拉斯特彻市以东50千米的海上捕鱼。当船员们拉起一网时，不禁大吃一惊，原来网里是一具从未见过的怪兽尸体。由于尸体已腐烂，发出一阵阵恶臭。

日本渔船发现并捞起了怪物

大家定睛细看，这只怪兽基本上是完整的，它有一个小脑袋，长长的脖子，很大很大的肚子，但腹中已空，五脏全无了，4只鳍脚很大。用卷尺测量后,知道这只怪兽的身长大约 10 米,颈长 1.5 米,尾长 2 米,重量约 2 吨,死了大约已有大半年。船员们好奇地打量着这个怪兽,惊讶地说:“这不是尼斯湖里的怪兽吗?”

可惜的是,瑞洋丸船长担心腐烂的怪物尸体会使鲜鱼受到损失,便命令船员把怪兽扔到海里去。幸好有一位随船的矢野道彦先生觉得这个发现非比寻常,在怪兽抛入大海之前拍了几张彩色照片,并作了详细的记录。

消息传回日本后引起了全国的轰动,古生物学家们尤其怒不可遏,痛骂瑞洋丸船长目光短浅,为了一船鱼而把国宝给扔了,世界各国报纸杂志也竞相报道这一惊人发现,为怪兽的得而复失深感遗憾。

大洋渔业公司立即命令在新西兰海域的渔船马上赶往现场,重新捕捞怪兽尸体。其他国家的一些渔船也闻讯前往捕捞。可是,由于消息发表之日与丢弃怪兽之时,已相隔了 3 个月,这只怪兽最终没有再捞上来。

目前,留下来的怪兽证据就只有矢野道彦先生的 4 张彩色照片,四五十根怪物的鳍条和几张速写草图。

从 4 张不同角度拍的照片来看,可以清楚地看到,怪物有结实、粗大的脊背,左右对称长着两对大鳍脚。腹部已无内脏,但全身肌肉仍完整,只是头部露出了白骨,皮下部分有白色的脂肪,脂肪下为红色的肌肉。

鳍条是唯一留下的怪兽的实物,它是怪兽鳍端的须状角质物,长 23.8 厘米,粗 0.2 厘米,为米黄色透明物质,尖端又分成更细的三股,像是人参的根须。

日本科学漫画家石森章太郎,根据怪物的草图画了一张复原像,从这张图来看,它真像史前的爬行动物——蛇颈龙!

今天,人们注视着南纬 43° 53′,东经 173° 48′ 的海域,期望着会有一天捕到一条活的怪兽,这样就能解开“蛇颈龙”之谜了。

追踪活恐龙

200多年来，在非洲刚果特雷湖边以及扎伊尔等一些地方，流传着那里生活着一种怪物的传说。

当地居民描述的这种怪物生长在密林里，个头很大，足有十几吨重，身长12～13米，脖子像蟒蛇，尾巴长长的，头有8米长，留下的脚印像河马，每只脚上长着3只短爪。

这种怪物生活在水中，只在夜里出来活动，一般不伤人，只吃森林里的果子。据说，有一些人曾杀死过这种怪兽，吃了它的肉，但不久，吃肉的人便死了。

从非洲居民的描述来看，这种怪兽，极像中生代的蜥脚类恐龙，难道恐龙真的没有完全灭绝？

为了搞清这个问题，许多科学家纷纷来到刚果，开始追踪这种奇异的怪兽。

1978年，有一支法国探险队进入了刚果原始森林去寻找恐龙的踪迹，可是他们一去不复返，音讯如石沉大海。

1981年，一支美国探险队来到了刚果。这支探险队由芝加哥大学的生物学家罗易·马查尔教授带队，他们花了一个月的时间同当地看见过这种怪物的居民交谈，这些居民住处有的相隔很远而且互不相识，但描述出来的怪物模样，都很相近。

非洲人在看各种动物的照片

在考察中,探险队拿出世界各种动物的照片,其中夹了几张雷龙的照片,让当地居民看,居民毫不犹豫地指出,他们看到的动物就像雷龙。

考察队在原始森林中整整待了 3 个月,可惜运气不好,没有目睹到这种怪物。

1983 年,刚果政府组织了一支探险队,由生物学家玛尔色林带队进行了两个月的考察,取得了许多珍贵资料。

首先,他们了解到有这样几件事。

1980 年 5 月,当地居民埃古尼在他们村前一个深 12 米的水潭里,看见了一只巨大的怪物在那里猛烈翻动。

1983 年的一天,一位名叫匹斯卡尔的渔民在埃得扎玛河里捕鱼,看见岸上有一只巨大的动物在悄悄地吃草。当它发现旁边有人时,便发出恐怖的嚎叫冲入水中,并把碗口粗的树撞断好几棵,当考察队到那里时,也看到了躺在那里的树干。

同年的另一天，一位叫匹斯卡丽娜的姑娘在河里划船时，突然一只巨大的怪兽跃出水面，几乎把她的船掀翻。当时她看见这只怪兽竟有4只大象那么大，吓得惊叫起来，拼命离开了那里。

在考察队的实地考察中，他们在日凯发现了两行200米长的动物脚印，这些脚印非常清晰，每个脚印长0.9米，一步相间2.4米，可见这个动物个体之大。

考察队花了很长时间监视怪物出没的特雷湖，在第六天，他们突然看见离岸300米处的湖中，露出了一个怪兽的脑袋，它的头很小、脖子细长、背部非常宽阔。队长玛尔色林激动得连摄像机也掉在地上，捡起来后一口气把胶片全部拍完。然后他们乘船向怪物靠拢，在距它60米处，他们发现这只怪物额头棕褐色、肤色黑亮、身上无毛、在阳光下闪闪发光，队员们都惊讶得闭不拢嘴。这只怪物足足在水面逗留了20分钟，最后才从湖水中消失。

特雷湖区位于非洲中部，乌班吉河和桑加河从其两侧流过，是人类文明尚未光顾的处女地。那里是宾加族俾格米人（一种矮小原始部落的居民）生活的地方。据考证那里的自然环境和气候几千万年来没有很大的变化，如果说，中生代恐龙能够生活下来，那么也只有在这种与世隔绝、气候炎热的原始森林中，才有可能。

特雷湖的怪兽到底是不是恐龙，只有捕到了这种动物的实体才能下结论。

可怕的巨蜥——科摩多龙

1912年，一架飞机在印度尼西亚南部的上空发生故障，只好紧急着陆迫降在一个陌生的小岛上。由于一时无法救援，飞机机组人员只好在岛上住下。这个小岛虽无人烟，但丛林密布，不缺可以用来果腹的食物，所以这些人天天到处寻找食物。

令这些飞行员惊讶的是，他们发现岛上生活着一种从来没有见过的动物，这种动物身材高大，行动敏捷，并且能吞食野猪、山羊和鹿。

过了几个月，飞行员们脱险了。他们回到欧洲后，把见到的怪物告诉了其他人，于是探险家、自然科学家纷纷涌向这个小岛。

这个小岛的名字叫科摩多岛，位于松巴哇岛和佛罗勒斯岛之间，是个长45千米、宽10～13千米的小岛。

经过精心的筹划，人们终于活捉到了一只怪物。原来，这是一种人们还不了解的巨大蜥蜴，而且是目前人们所知现生蜥蜴中最大的，它身长2～3米，因为它很像中生代的恐龙，所以人们就叫它“科摩多龙”。

科摩多龙相貌十分恐怖，三角形的头，长着闪闪发光的眼睛，没有耳郭，但有很大的耳孔。它听觉不灵，即使有炸弹炸，它也听不见，而且它的声带也很不发达。可是，它的嗅觉极为灵敏。

科摩多龙在捕食时，嘴巴里吐着火红的舌头，发出“嘶嘶”的声音，嘴巴里

科摩多龙

的牙齿像是一排排钉子,看上去可怕极了。

它的头颈比较长,颈部长着层层皱起的皮褶,橙黄色,并略下垂。全身披着鳞甲,身后拖着一条粗大的尾巴。它用四条腿走路,但后腿要比前腿粗壮,活像一只恐龙。

科摩多龙是肉食性的,食谱中有野猪、鹿、羊、猴子,还有鸟蛋、小鸟、昆虫等。捕食时,它悄悄地跟在猎物身后,然后突然用粗大的尾巴以闪电似的速度击倒猎物。它虽然四肢不长,但奔跑极为迅速。头虽然不大,但一口气可以吞掉一只猪头。它不主动袭击人,只是悄悄地躲开。

科摩多龙和蜥蜴类一样,属于爬行动物中的有鳞目。有鳞目在中生代,也有非常显赫的代表,它们主要是一些海生蜥蜴,如身长 9 米的海王龙。

澳大利亚可能是科摩多龙的家乡,因为在那里发现过这种巨蜥的化石。后来,澳大利亚的科摩多龙灭绝了,但是,迁居到科摩多岛的巨蜥,由于环境闭塞、没有天敌，便生生不息一直生活到今天。

科摩多龙一生可以活到 40 岁，7 月交尾，9 ～ 10 月下蛋。第一窝蛋下 5 ～ 6 枚，以后逐渐增多，每次可下 20 枚。第二年 5 月，小科摩多龙可以出世了，大小像一只小鹅，但它们长得很快，长到 4 岁时，就可以猎杀野猪和小鹿了。

今天，科摩多龙成了印尼国家保护动物，它像中国的熊猫一样，是极为珍贵的野生动物，从它身上，人们也许可以看到一点中生代巨大的肉食性恐龙的样子。

龙子龙孙——今天的爬行类

中生代,在地球历史上经历了一亿多年,恐龙就像古代帝王,虽盛极一时,但总不免江山易主。

恐龙这些谜一般的动物虽然灭绝了,但是它在爬行类当中的一些亲属还是生存下来了。

中生代时,统治着地球的有 10 个目的爬行类,如今只剩其中 4 个目生活在世界各地,它们是龟鳖类、喙头类、鳄类和有鳞类。

龟鳖类的历史和恐龙一样古老,它们在三叠纪中期或晚期就出现了,那时候恐龙才刚刚兴起。那时候的龟类嘴巴中的牙齿已退化,身上已有硬甲保护,但头和脚无法缩进甲壳里面。

中生代恐龙在地球上叱咤风云,但龟鳖们还是慢慢吞吞地行走。当时有一种侧颈龟,它们的头颈已经能够缩入甲壳,但只是头颈向两侧弯曲缩入,所以还不很方便。

今天的龟鳖,头颈是呈 S 形垂直缩入甲壳里的,它们在进化中成功地经历了种种磨难,终于生存到今天。古生物学家说,它们是牺牲了自己的灵活性,而取得了笨重的保护装置,但历史证明它们比恐龙要来得成功,来得幸运。

今天,龟鳖类分布相当广,在森林、沙漠、平原和海洋里都有它们的踪迹。其中有些龟体型巨大,如象龟和巨龟,一些海龟的个头也相当可观。有的专门吃荤,有的吃素,而有的是杂食性的。

只要人类不滥捕滥杀,这种长寿的动物,还将在地球上生存下去。

喙头类可能大家不大熟悉,因为现在只有一种喙头蜥,生活在新西兰附近的少数岛屿上。由于人类滥捕,它们几乎濒临灭绝,但现在终于受到了严密的保护。

这种喙头蜥身长约半米,形状像蜥蜴,但与蜥蜴不是一种动物。它的头骨上有4个颞孔,嘴巴像鹦鹉嘴,牙齿和颌骨相愈合。身上披着长满疙瘩的灰色皮肤,十分难看。

喙头类的历史也像恐龙一样古老,当时几乎遍及全世界。它们祖先在三叠纪已经非常繁盛,但以后却一蹶不振,一直没有兴盛过,而且样子也没有很大改变。喙头蜥也许是幸运儿,它没有像恐龙一样被淘汰,也许是因为找到了一块与世无争的世外桃源吧!

鳄鱼是今天的一种凶猛可怕的动物,在非洲和东南亚,常常听到鳄鱼吃人的报道,鳄鱼的家谱与恐龙很近,所以它们是最像恐龙的动物了。

鳄鱼的历史,也可以追溯到三叠纪。这是一些叫原鳄的小动物,长只有1米左右,四足行走,背上有两排骨质的甲片。

鳄类在中生代以中鳄为代表,后来进化到真鳄。它们一直以河湖为活动场所,有的甚至到海洋里活动。它们的生活习性,也一直以游泳、攻击和肉食性为特点。它们虽然在进化环节上处于低等的爬行类,但在攻击性上,可以与狮子、老虎相比,这可能是它们免遭灭绝的一个原因。

它们总是长有长长的、长满利牙的上下颌,身体强壮有力,四肢短壮,脚上长蹼,尾部发达,是游泳的推进器,它们背部和两侧都盖有厚甲。

在中生代,鳄类的分布要比现在广。今天它们只生长在美洲、非洲和东南亚,我国长江流域以南也有,其中最大的有6米多长。由于人类滥捕滥杀,鳄鱼的命运也处在风雨飘摇之中,成为重点保护的珍稀动物。

有鳞类包括蜥蜴和蛇,它们是今天种类和数量最多的爬行动物。据统计,现在龟鳖类有200余种,喙头类只有1种,鳄类25种,而蜥蜴有3000种左右,蛇有 3000 余种，它们成为爬行类中最显赫的类群。

有鳞类的历史和恐龙一样，始于三叠纪，在中生代也十分兴盛，进化出许许多多的种类，其中有一些种类可与恐龙一决雌雄。比如海王龙这种海洋巨蜥，身长 9 米，是海中一霸。

现存的科摩多龙是蜥蜴中最大的种类，它的生活方式活像一只恐龙。非洲热带雨林中的变色龙，在伪装、捕食上都是极为成功的代表，它的两个大眼珠能向不同方向随意转动，舌头能像弹簧一样闪电似的捕捉飞虫。而东南亚的飞龙，肋骨外长出了皮膜，能在树间滑翔，使人想到了最早征服天空的脊椎动物——翼龙。

蛇类的历史比较短，它们其实是四肢退化的蜥蜴，由于没有脚，只好用肌肉有节奏地伸缩波动来行走，它们的身体和尾巴的脊椎骨的数量变得多了，成为一条带子一样。

它们的头骨也有了改变，颌关节可以脱开，上颌以韧带相连，所以嘴巴可以张得很开。有人见过，一条南美洲的蟒蛇一次吞下一只非洲狮。蛇吞下小鹿、小牛，也是常见到的新闻。

蛇类最大的特点，是有一些进化出了毒性强烈的毒牙，这使它们成了动物界望而生畏的成员，加上它们专以隐蔽的方式生活，躲在密林和岩缝里生活，使它们一直久盛不衰。

尾　声

恐龙世界的神秘帷幕落下了,我们的故事也到此结束。历史上有许许多多事情的真相,也许永远也无法知道了,它们将永远是一个谜,恐龙也是如此。生命世界是一个奇异的大千世界,它演化出了无数难以想象的奇迹。我们人类的出现也是一个奇迹。从生物学角度看,我们人类与恐龙都属于脊椎动物,只是我们人类有了比恐龙发达得多的大脑,属于高等的灵长类动物。

有许多爱猎奇的人,说人是从恐龙演化而来的,其实人和恐龙有同样的祖先,可以这样说,人和恐龙两亿年前是一家。

恐龙故事讲完了,但恐龙世界的谜,还有待于人们去探索,去研究。

后记

弹指一挥间,我敬爱的父亲刘后一离开我们已经20年了。这些年,我时常怀念父亲,父亲为孩子们刻苦写作的身影也常常浮现在我的眼前。令我们全家深感欣慰的是:时间的流逝并没有使人们淡忘他对中国科普事业做出的贡献。此次长江少年儿童出版社出版“传世少儿科普名著(插图珍藏版)”丛书,将父亲的《算得快的奥秘》等8本科普著作进行再版便是佐证。这是对九泉之下的父亲最好的告慰。

父亲是一位深受广大小读者爱戴的、著名的少儿科普作家,这和他无私地将自己的知识奉献给孩子们不无关系。父亲非常重视数学游戏对少年儿童的智力启发,几十年间,他为孩子们创作了大量数学科普读物。此次出版的《算得快的奥秘》《从此爱上数学》《数字之谜》及《生活中的数学》4本数学科普书,便是从这些读物中选出来的。

中国著名数学家、中国科学院系统科学研究所已故研究员孙克定,在20世纪90年代父亲在世时,为《算得快的奥秘》所作序中写道:“《数学与生活》(原书名)实际上是一本谈数学史的书,可是他讲得很生动有趣,还加进了一些古脊椎动物、古人类学知识,因此也谈得颇有新意。主题思想也是正确的:‘数学来自生活,生活离不了数学。’”

“社会影响最大的还是要推《算得快》。这是1962年,他应中国少年儿童出版社之约编写的，其中今日流行的速算法的几个要点都已具备。但是由于考虑到读者对象，形式上他采用了故事体，内容则力求精简，方法上则废除注入式，而采用启发式，以至有些特点竟不为人所注意。例如速算从高位算起，他在计算 36 ＋ 87 的时候，就是用‘八三十一、七六十三’的方式来暗示的；直到第 11 章才通过杜老师的口说出‘心算一般从前面算起’的话，又通过杜老师的手，明确采用了高位算起的方法。其他乘法进位规律、化减为加，等亦莫不如是。”

后来，父亲又对《算得快》进行了两次较大的修改，一方面删繁就简，将一些烦琐的推导式简化；另一方面，又将过去说得简略的地方作了补充，使要点更加突出，内容更加丰富。但是，由于考虑到少儿读者的接受能力，父亲没有增加内容的难度，乘除法仍然以两位数乘除为主。在第二次大的修改中，父亲接受读者要求，除了将部分内容有所增减外，还介绍了一些国内外速算的进展情况。只要是真正有所创造、发明，又能为少年儿童接受的，父亲都尽量吸收其精华，奉献给读者。

《奇异的恐龙世界》是湖北少年儿童出版社（现长江少年儿童出版社）20 世纪 90 年代出版的《刘后一少儿科普作品选辑》（全 4 辑）中关于生物学的一部选辑，本次再版的《大象的故事》《奇异的恐龙世界》《珍稀动物大观园》和《人类的童年》4 本科普书均选自该部选辑。

父亲在大学是专攻生物的，写这部选辑是他的本行。但是，要写出少年朋友喜闻乐见的科普作品也不是件容易的事，既要有乐于向孩子们传播科学知识的精神，也要有写好科普作品的深厚功力。父亲在写作时善于旁征博引，又绝不信口开河。即使是谈《聊斋志异》中的科学问题，他的态度也是很严谨的。父亲在写《大象的故事》时，力求写得生动有趣，使读者深刻地了解大象的古往今来；在写《珍稀动物大观园》时，除了介绍世界各地珍稀动物的形态、行为、珍闻逸事外，父亲还流露出对世界人类生态环境的深深忧虑。他号召少年朋友们爱护动物、尊重动物，努力为保护动物做一些有益的事情。

父亲自幼酷爱读书，但他小时候家境贫寒。由于父母去世早，他连课本和练习本都买不起，全靠姐姐辛苦赚钱送他上学。寒暑假一到，他就去做商店学徒、修路工、制伞小工、家庭教师等，过着半工半读的生活。好不容易读完初中，父亲听说湖南第一师范招生，而且那个学校不用交学费，还管饭，他便去报考，居然“金榜题名”。这是父亲生平第一件大喜事，也决定了他一生的道路。

父亲有渊博的知识，后来写出大量的科普作品，完全与他的勤奋好学分不开。记得我上小学和中学的时候，父亲经常不回家，有时回家吃完晚饭后又匆忙骑自行车回到单位，为的是将当时我家非常拥挤的两间小房子让给我和妹妹们写作业，而他自己不辞辛苦地回到他的办公室去搞科学研究，进行科普创作，这一去一回在路上都需要两个小时。20 世纪 70 年代初期，父亲去干校劳动，在给家里的来信中常常夹着他创作的科普作品，那是父亲要我帮他誊写的稿件。原来，因为干校条件很差，父亲搞科普创作，只能在休息时进行构思，然后再将思路记录在笔记本上，很多作品就是在那样艰苦的环境中创作出来的。

父亲具有勤俭节约的美德，一直都反对浪费。虽然他享有“高干医疗待遇”，但是在唯一的也是最后一次住院治疗时，拒绝了住干部病房，而是在 6 个人一间的病房中一住就 4 个多月。父亲说，这是因为他不忍心让国家为他支付更多的费用。父亲一生中仅科普著作就有 40 余本，光那本著名的《算得快》便发行了 1000 多万册，但他所得到的稿酬并不多。尽管如此，他仍然经常拿出稿酬，买书赠给渴求知识的青少年。他还曾资助了 8 个小学生背起书包走入学堂，并将《算得快》《珍稀动物大观园》等书的重印稿酬全部捐赠给中国青少年基金会，以编辑出版大型丛书《希望书库》。

令父亲欣慰的是，对于他在科普创作中所取得的突出成就，党和国家给予很高的荣誉，他所获得的各种奖励证书有几十本之多。《算得快》曾获得全国第一届科普作品奖，并被译成多种少数民族文字出版。1996 年，他还被国家科委（现为中国科学技术部）和中国科协授予“全国先进科普工作者”的称号。值此长江少年儿童出版社出版“传世少儿科普名著（插图珍藏版）”丛书之际，我谨代表九泉之下的父亲，向长江少年儿童出版社以及郑延慧、刘健飞、周文斌、尹传红、柯尊文等一切关心和帮助过他的人深表谢意！

刘后一长女刘碧玛

2016 年 11 月 6 日写于北京

鄂新登字 04 号

图书在版编目（CIP）数据

奇异的恐龙世界 / 刘后一著. —武汉：长江少年儿童出版社，2017.5
（传世少儿科普名著：插图珍藏版）
ISBN 978-7-5560-5632-3

Ⅰ. ①奇…　Ⅱ. ①刘…　Ⅲ. ①恐龙—少儿读物　Ⅳ. ①Q915.864-49

中国版本图书馆 CIP 数据核字（2017）第 022508 号

奇异的恐龙世界

出 品 人：李　兵
出版发行：长江少年儿童出版社
业务电话：（027）87679174　（027）87679195
网　　址：http://www.cjcpg.com
电子邮件：cjcpg_cp@163.com
承 印 厂：武汉中科兴业印务有限公司
经　　销：新华书店湖北发行所
印　　张：8.25
印　　次：2017 年 5 月第 1 版，2019 年 6 月第 2 次印刷
规　　格：710 毫米 × 1000 毫米
开　　本：16 开
书　　号：ISBN 978-7-5560-5632-3
定　　价：15.00 元